牛津的
6堂
自我精进课

［日］
冈田昭人

著

潘越 译

オックスフォードの教え方

中国友谊出版公司

前　言　为何如今需要牛津的"教育方法"

牛津，位于伦敦西北方，坐电车大约花费 1 小时，是至今仍留存中世纪城市面貌的传统都市。建造于英国的牛津大学创立于 11 世纪，是英语圈内最古老的大学，现在由 38 所院校构成，学生总数超过 1.9 万人。

在每年公布的全球大学排行榜上，牛津大学是经常占据高位的名门大学，同与其合称"牛剑"（Oxbridge）的剑桥大学一样，在传统、教育、设施的充足度等方面，能够全方面接纳富有创造性的高水平学问。从全世界汇集而来的优秀学生，每日向着各自的梦想努力学习。并且，牛津大学也作为英国式绅士的培育场所而广为人知。

"Gentleman（绅士）"是在全球范围内作为褒义使用的词汇。对于大众来说，"Gentleman"是具有"高等教养与礼仪素质"和"温柔谦逊"两方面特征的人。如果有日本人被人说"你真是一位绅士"，他本人难免会感到害羞。

我对于绅士存有"另一种面貌"的认识。

从反面来看，"Gentleman"是拥有"高傲与知识武装"和"无言的压力"的人，从人际关系来看，则是指拥有"不给对手可乘之机"这样的能力与魄力的人。

与日本同为岛国的英国，能够不断引领世界的理由就在于此。

不断颠覆世界常识的牛津

牛津大学人才辈出，培养了无数领导世界的政治家和财经界人士。

英国的玛格丽特·撒切尔、托尼·布莱尔等27位英国首相都是从这所大学毕业的。

被誉为经济学之父的亚当·斯密、以《利维坦》一书广为人知的哲学家托马斯·霍布斯，等等，均在历史上留下盛名。还有《魔戒》的作者J.R.R.托尔金，身为数学家同时著有《爱丽丝漫游奇境记》的知名作家刘易斯·卡罗尔。

此外，还有理论物理学家史蒂芬·霍金、缅甸领导人昂山素季等50多位诺贝尔奖获得者，还有许多人曾获得奥林匹克奖牌，因此牛津大学堪称"文武两道"皆顶尖的名门大学。以"憨豆先生"一角广为人知的罗温·艾金森也是牛津大学的毕业生。日本人中，以皇太子德仁亲王为首的著名毕业生亦从中辈出。

牛津大学不仅招收英国学生，亦招收许多外国学生来此就学。从北美大陆到欧洲大陆的诸多国家，还有亚洲、中东、中南美洲、非洲的新兴国家的精英青年均在这所大学中互相切磋学习，在取得学位之后返回本国，作为精英人士活跃于各个领域。他们大多活跃于政治及财经界，也有许多人成为医生、大学教师、律师、运动员或者新兴产业的领头者。

与剑桥大学合称为"牛剑"的这两所大学的校友们（alumni）在各国组成了同学会，因为会定期举行聚会等交流活动，其影响力自然就在全世界扩展开来。我也曾在于东京举办的同学会上看见德仁亲王夫妇亲自前来参加聚会。

如上所述，从包括历史上伟人在内的 OB·OG^① 的实际成果出发，**一言以蔽之，牛津大学的理念便是"打破常识"**。

被"身处杯子中"的闭塞感折磨的日本人

在此，请允许笔者先介绍一下自己。

我在日本的大学攻读经营学，毕业之后立刻前往美国留学。那时候的我一心想"飞向世界"而选择了留学的道路，购买了单程机票启程赴美。我进入纽约大学研究生院学习，专攻当时在日本还属于全新学科的"跨文化交流论"，研究不同文化圈中的人们之间产生各种交流摩擦的原因和解决办法。

攻读博士课程时，我选择前往英国留学。我选择牛津大学的理由是，既然要留学英国，自然要以最高水准的大学为目标，与来自世界各地的精英互相交流切磋，实现成为一名研究者的梦想。经过 4 年的学习，我成为史上首位取得教育学博士学位的日本人。

---

① 即"校友拜访"的意思。一般情况下，校友拜访指毕业生从前辈那里吸取社会及工作经验。——译者注

3

归国后，我有幸得到了在东京外国语大学执教的机会。当然，除日本学生外，还有来自不同国家的留学生们，我非常高兴能够与他们一起度过勤奋学习的每一天。

在大学执教的我，为什么会起意写这本书呢？**这是因为我对现今日本的育人方法抱有疑问。**

日本的孩子从小便以考试为目的，在学校和补习班中拼命学习，失去了人生中感受最丰富的时光。而大学被讽刺地称为"游乐园"，大家认为只要能够成功进入大学，其后懒散游玩也可以顺利毕业。

而且，企业方面也不对大学的教育抱有期待，工作需要的知识和技能都在员工入职以后由企业培训，这一习惯根深蒂固地存留至今。就最近的状况而言，能够以这样的方法圆满培养出所需人才的，难道不是仅限于一部分大企业吗？

如此欠缺连贯性的教育体系，无法培养出全球化的现代社会所需的人才，是落伍于时代潮流的。

在商业竞争方面，日本人也正在失去往日的辉煌。身处国内外日益严峻的竞争环境中，因为过于害怕遭遇失败，他们在商品开发方面只是呱呱盯着销售排行榜，将热门商品翻炒第二遍，甚至第三遍。管理层也无法全面掌握业界动向，或是果断地打破先例和习惯。

由此导致的结果是，所有领域都充斥着闭塞感，无法产生打破惯例的革新。小而言之是销售规模，大而言之是日本在全球化竞争中的影响力，都在不断下滑。

只相信存在于国内和同行业内部的，甚至从更狭隘的视点来看，只相信存在于公司内部和部门内部的，"被塞在玻璃杯中"的常识、价值观、判断基准，大家被它们紧紧束缚住了，难道不是吗?

现在，就连能够产生打破先例和习惯的念头并且将之实现的人才，也渐渐成为"濒危物种"了，我想我们应该持有危机感。

如何培养出能够破除不良惯例的人才，实现大学和企业一体化，在全球化中生存发展下去，对此我们现在必须认真思考。正因为如此，我认为必须有所行动，从而有了本书的写作与出版。

日本人欠缺的"6 种能力"

本书以我在牛津大学留学时获得的海外教育经验为基础，回顾了我在东京外国语大学的教育实践，将国际性人才在世界上活跃所必需的习惯与价值观、绅士精神，特别是我认为现代日本人欠缺的"6 种能力"的学习方法传达给诸位读者。

在牛津大学的师生身上共通的"特质"，大致可以区分为以下 6 种能力。

①统率力：自然而然立于人之上，领导其他人的能力；

②创造力：不断重复模仿，从中产生全新想法的能力；

③战斗力：在尊重对方意志的同时，始终贯彻自身主张的能力；

④分解力：作为解决问题的捷径，分析问题根本所在的能力；

⑤冒险力：把考验和苦难作为动力向前迈进的能力；

⑥表现力：给对方留下深刻印象的能力。

这 6 种能力可以大致分为两类，将这两方面统合起来就可以得到更强大的能力。

人际关系方面的能力（相互关系）：统率力、战斗力、表现力；

个人能力（将人际关系方面的能力加以发挥的武器）：创造力、分解力、冒险力。

下面，我想以本人在牛津大学获取的学习经验为基础，将只有在那里才能够获得的特殊教育方法、培养人才的关键，通过各种各样的案例介绍给各位读者。

"教育"本身即为最好的学习

本书将以上 6 种能力的重点以 42 种具体方法表现，通过穿插尽可能多的体验进行介绍。

由于要将 6 种能力与牛津式"教育方法"关联起来，我想通过上司与部下、教师与学生、父母与孩子等诸多关系，介绍尽可能高效率地学习这些能力的方法。

另外，从教育学最终的事实而言，知识和教养能够最为深刻地在人身上定型的情况，正是"教育他人"的时候。

从这个意义上可以断言，**"教育本身即为最好的学习。"**

也就是说，我确信本书中的内容有助于读者指导、培养部下和后辈，同时有助于读者自身实现最高效的学习和进步。

本书既是一本传授教育方法的书，也是一本介绍学习方法的书。

本书将新的思考方法和想法传达给读者，旨在为读者创造一个契机，将已经知晓的、平日里已经成为习惯的能力再度加以审视，从而确信自身的能力。

本书针对的对象不仅是学生与教师等正在从事教育实践的人们，也针对年轻的职场人士、以提升自身工作能力为目标的人们以及负责培养公司人才的管理层人士。

本书中介绍的牛津大学的教育方法与"6种能力"，如果能够对大家日常的人际沟通和工作起到有益作用，或者为教育工作者带来一些启迪，我将感到非常荣幸。

冈田昭人

目　录

第二章　引导人与团体走向成功的"统率力" 37

第一章

日本不存在的世界最高学府的

"教育方法"

1. 以"小课堂"为名的知识问答

如果将牛津大学与日本各大学的教育相比较，你认为决定性的差异是什么？了解牛津大学的学生应该会众口一词地说，是"**小课堂制度**"。

当然，牛津大学和普通大学一样会进行授课与研讨等活动，但这充其量是辅助性的，学生如果不是特别感兴趣，不出席也没关系。而且像这样的班级，不会每次都签到，也没有考试。

因此，学生如果只是听课，那么无论接受了多少课程，都不会被认为接受了牛津大学真正的教育。对学生来说，相对于听课而言，学习其实是以"**小课堂**"为中心的。

尊重彼此想法与立场的小课堂

"小课堂"是教师与少数学生通过对话的方式获取知识并加深理解的教育方法。

大多数情况下，小课堂每周开设 1 次，每次 1 个小时，1 名学生（或者 2~3 名）跟从 1 名指导教师（称为教授或者导师）。

在"小课堂"这天之前，导师会要求学生每周阅读许多文献，在阅读的基础上，针对导师提出的课题撰写并提交小论文。并不是将文献的内容加以整理即可，而是要对应课题进行分析，写出自己的思考。每次"小课堂"上会以小论文为基础，与导师之间进行问答和讨论。

在牛津大学，通过"小课堂"可培养以下能力：

　　①分析、整合、表达的能力；

　　②批判能力与讨论能力；

　　③协调并着手解决问题的能力。

也就是说，通过小课堂可以培养分析能力、讨论能力、批判性思考的能力以及与他人进行讨论的同时独立思考的能力。

我想介绍一下自身体验过的小课堂的实际情况。

小课堂之日

在开始小课堂的那一天，我抱着许多文献前往教育学院，步伐非常沉重。我的导师大卫·菲利普斯教授的房间位于一幢历史悠久的建筑的二楼。敲了敲厚重的木门，听到教授说"请进"后，我进入了房间。两个人面对面坐在桌子旁，做好准备之后，小课堂就开始了。

①分析、整合、表达的能力

首先，教授会询问有没有从每次阅读的文献中得到新的知识，并要求用 10 分钟左右的时间进行阐述。不是将文献内容详细说一遍，而是要简明阐述从文献中获得了哪些知识？与研究课题之间有怎样的关联？

学生在 1 周左右的时间中，最少要集中阅读 5~10 份文献、资料，吸收其中各种各样的知识。而且要写成小论文，从而锻炼独立思考与表达的能力。

②批判能力与讨论能力

接下来，教授会提出与课题相关的问题。学生必须以自己写的小论文为基础，回答教授提出的问题。

"这个词的定义是什么？"

"你这样思考的依据是什么？有没有数据？"

"这个表述是你的意见吗？还是文献上记载的作者的意见？"

"这里实际上只写了一些发生过的事情，完全看不出你自身的见解与批判性观点。"

有时我会被教授非常严厉地斥责："这种水平的小论文根本不值一提。"

牛津大学的学生们，无论是谁都要接受这种小课堂的洗礼。但是，即使遇到无法回答的窘迫情况，也切记不可胆怯。无论如何都要忍受飞来的意见与评判，与教授提出的问题战斗下去。

对于当初的我而言，提问与回答是压力最大的时候。但是，我确实感受到，与通过文献获得知识以及自我表达、理解、思考相比，教授提问和互相探讨的环节对我影响更大。

通过这样的问答，可以得到导师对自己获取知识的能力、思考方法的评价，进而渐渐获得新的视点。

③协调并着手解决问题的能力

作为重要关卡的提问时间结束后，最后的 10 分钟用来进行总结。在这个阶段，会就从每次小课堂中获得了什么、今后应如何推进学习进行谈话。导师不是和学生进行讨论，而是以互相协调的方式，针对下一个目标交换意见。

在小课堂上，导师与学生之间的关系类似于为完成最终考试与论文而建立的"合作伙伴关系"。正是因为有这样的合作约定，所以即使有时导师提出严厉的意见，你也可以接受，或者反过来——学生对导师进行少许失礼的反驳也是允许的。

请各位思考一下，将大学的"讲课"替换为职场人士的"会议"，将"小课堂"替换为"上司与部下的一对一谈话"。参加讲课与会议的人越多，越无法凸显个体，个人发言的次数也会减少，从而无法锻炼思考能力。实际上，从牛津大学经济学院毕业的朋友，似乎也在与部下进行沟通时应用了小课堂的相关经验。

站在部下的立场上，为了不浪费事务繁忙的上司的时间，需要明确会议（商谈）的目的，联络、报告、确认事项，提出已发生问题的解决办法，等等。

另一方面，作为上司必须认识到，不论是否是公司的新人，部下总会产生应该做什么、怎样去做的疑惑。首先，要将应该做的事情进行详细划分，确认部下可以理解、执行到什么程度。然后，对于部下可以做到的事情要进行表扬，而对于做不到的事情，要让其思考怎样才能做到。

2. "打破常识" 的牛津式思考法

牛津大学拥有医学、法学、理工学以及经济学、经营学等在其他国家的大学也能学到的专业，此外也有修辞学、诗学、哲学、神学等被认为在实际社会中难以立即学以致用的学问。但是，无论专攻哪一领域，在学生身上都存在某种共通的教育经验。

这就是"打破常识"的思考方法，在牛津大学每天都要接受与此相关的训练。

所谓"常识"，即在国家与社会中，被公认必须拥有的知识与判断能力。只要遵循常识进行发言或采取行动，在特定的社会中就能够被视为正常的人、有见识的人。

但是，随着时代的变化，常识的价值与含义也会发生变化，这是事实。过去在日本，"教育是以老师为中心进行的活动""男人工作、女人管家""商务人士即使在盛夏也必须穿正装"——这样的思考方式就是"常识"。但是近年来，通过引入以学习者为主体的课程、推进男女共同参加社会活动、全球变暖与"职场清凉"理念的普及等，这样的"常识"渐渐发生了改变。

怀疑常识的 4 个步骤

常识只是有很多人赞同，但它本身并非总是合理的。如果一味地拘泥于常识，就难以产生新的挑战和创造性。

一开始留学牛津大学的时候，我也曾困惑于如何"怀疑常识"。不过牛津正是这样一所大学，比如学生通过刚才介绍的小课堂训练超越常识来解读现实世界的课题，设定属于自己的全新价值标准，构建各种各样的理论并引导出合理的判断。

牛津大学的教育学院（GES）将国家、政府、国际机构、NGO（非政府组织）、社会与每个人的教育课题加以综合，以事例学习与事例讨论作为授课中心。学生须事前调查自己国家的事例，准备好自己的分析、方法论、结论来参加班组讨论。

在牛津大学，我通过以下思考方法将"常识"变得相对的同时，也学到了训练批判性思考的方法。

①试着思考一下"常识"的"相反面"

不上学就学不到知识→不上学也可以学到知识

②批判由"常识"主导的行动

所有人都必须去上学→身处无法上学的状况中的人该怎么办

③批判"常识"的时候思考应对方案

通过学校以外的场所、教育方法来学习知识→探讨网络教育的可

能性

④构建新的常识并检验其效果

利用数据等检验"互联网教育的普及"带来的教育效果。

在这里介绍一下我从毕业于牛津大学商学院的友人那里听到的事例。

他曾经率领一批工程师前往某新兴国家实施基础设施调查，将报告书提交给政府人员。针对不同地区的基础设施，从理科工程师的视点、使用者的视点、维护管理基础设施的人的视点、地方政府的管理等多方面进行分析后，他们没有选择在业界被视为常识性选项的"拥有庞大和崭新硬件的地区"，而是最终选择了"服务非常优秀的地区"作为建设地区。

通过牛津大学的教育培养出的怀疑常识的思考方法、以自身力量解决问题的能力，确实展现了其效果。

"被常识束缚"将失去机会

我在教育学院听讲"研究方法论"时，对教授所说的话留下了深刻印象。

"不要过于被常识束缚，这只能导致思考停滞。"

而我一直到大学为止，是在日本接受的教育。

我完全是在日本国内的知识吸收型教育体系中成长起来的。为此，我们被训练的是通过读书和考试高效写出正确答案的能力，不知不觉间，思维也变成在常识的范畴中寻求正确答案了。

牛津大学是全世界顶尖精英汇聚的场所。欧美圈、亚洲圈、中东圈，等等，大家的文化背景各不相同，价值标准也很不一样。因此上课的时候，日本通用的教育"常识"经常是错误的，这使我的主张丧失了根本依据。

而在授课方面，教授不采取单方面讲课的形式。就如同统合各种各样的乐器、引导出美丽旋律的交响乐队指挥，教授注重总结学生之间的事例讨论，扩展讨论的范围。

但是，必须避免胡乱打破所有被称为"常识"的东西。比如，"与人见面应打招呼"这种以润滑人际关系与沟通为目的的常识，可以说是世界共通的常识。

重要的是，要找出不合理却作为习惯留存下来的"常识"，再进行剔除。

3. 不教授没有道理的惯例

不管是在教育现场还是企业，教育者和被教育者之间都会出现下面这样的对话。

学生或部下：对于这个问题，如何进行应对、回答比较好？

教师或上司：像这样的问题只要这样处理就行了。因为一直以来都是这么做的。

"一直以来都是这么做的"，就是说不需要什么特别的"道理"，只要遵循惯例推进就行了。这难道不是经常在日本的学校和公司发生的事情吗？

比如说，"听课时即使有不懂的地方也不能向老师提问""为公司免费加班是理所当然的"，等等，我想不合理的事情是很多的。

人们经常说，日本人无论是谁都觉得最好和其他人保持一致，强烈倾向于"木秀于林，风必摧之"的想法。人们一旦集结于学校和公司组织中，"集体主义"的心理就越发强烈，毫不怀疑地遵从组织的管理和规定。

但是，在主张"个人主义"的西方社会中，这种集体主义的心理并不多见。牛津大学同样鼓励个人持有独自的思考方法，得出与他人有差异的意见和主张也会受到尊重。

站在教育者的立场上，我会考虑怎样提出建议比较好。尤其想精炼为以下两点进行说明。

有道理的惯例必须传授

打招呼和讲礼貌等基本习惯、学习和工作上必须具备的最低技能，在有些被教育者身上却不具备，这是常有的事。

必须严格遵守约定时间、记笔记的方法、倾听的方法，等等。也许有人会想，"连这些也得教吗"，确实要进行教育。推行一些理所当然的事情，其实比想象中困难得多。

传授"不做也可以的事情"

作为教育者来说，感到最为困扰的事情，是无法判断什么惯例是正确的，什么惯例是不正确的。

换一种说法就是，不明白自己做到什么地步是可以的，能够做到什么地步，其边界在哪里。

此时，首先要明确指出不做也可以的事情和做不到也没关系的事情，以便顺利推进学习进度。下面介绍几个例子。

不做也可以的事情

◎ 没有必要反复做所有的习题集，集中钻研其中感觉困难的部
　分即可。

◎ 写报告书的时候不用收集过多信息。基础文献的数量控制在 5
　本以内。

◎ 不需要将教师在黑板上书写的内容完全照抄到笔记本上。

◎ 在进行口头演讲的时候，不按照事先准备的内容推进也是可以的。

做不到也没关系的事情

◎ 和教师对话的时候不使用正确的敬语也没关系。优先考虑如
　何切实传达对话内容。

◎ 制作幻灯片时，不使用高超技巧和手段也没关系。

◎ 与留学生使用英语参加讨论会的时候，即使语法不完美也没关系。

◎ 写毕业论文和报告时，不使用学者写作所用的文体也没关系。

要问为什么学生和公司新职员连这样基本的待人礼仪和学习技能
都没有，就需要安排时间与其相处，养成观察他们的习惯。常常将自
己的视线放在被教育者一方，然后通过互相对话建立关系。这比起默
默地遵从惯例进行学习、工作更有建设性，并且在提升个人能力、提
高组织效率方面有很大的益处。

教育者首先要抱有"这样做很奇怪"的态度，对惯例提出疑问，
并尽量具体地将之传达给被教育者。被教育者也不要害怕失败，要抓
住机会，积极面对挑战。

4. 教育本身即为最好的"学习"

在牛津大学教育方法学的讲堂上，教授在黑板上画了一幅类似于金字塔的图案。

这个图案叫作"学习金字塔"，表现了听课学生在课堂和研讨会上学到的内容经过半年以后还能留存多少记忆，从而将教学方法和学习方法进行比较。

学习者只听课或讲义的话，其内容只有 5% 留存于记忆中。读书的话可保留 10%，利用视听教材进行学习可保留 20%，进行科学实验等可保留 30%。如此看来，按照传统型学习方法，知识的吸收率是相当低的。

相对而言，请看下一页的金字塔的下半部分。在"团体学习"层面，"小组讨论"的知识吸收率达到 50%，"通过体验学习"达到 75%。而让人惊讶的是，最能够吸收知识的方法是"有教授他人的经历"，它在记忆中的保留比率达到 90%。

请读者们回想一下，通过学校和职场，或者在研讨会上学习到的东西，现在在记忆中还剩下什么？恐怕通过听课的形式学习到的知识，现在几乎已经忘得精光了。

也就是说，在日本的学校教育、教师单方面控制的研讨讲习这样的学习环境下，学生作为被动接受方，可能无法有效吸收知识与内容。然而，各种研究表明，将知识传授给他人则能够使知识较长久地保存在自己的记忆中。

不只是对小孩、学生，即使是对进入社会的人，"教育他人"的方法也可以称为**"互相支援（面对同样问题的人们之间互相帮助）"**，被公认是非常有效的获得知识的方法。

一旦能够运用"互相支援"的方法，对课题与项目的兴趣就会有飞跃性的提高，知识吸收率也会提高。另外，这样学习可以做到张弛有度，避免讲课和工作中的交头接耳。

要向他人传授某种知识的时候，需要注意以下 5 点：

学习金字塔

	平均记忆率
讲义	5%
读书	10%
视听教材	20%
科学实验	30%
小组讨论	50%
通过体验学习	75%
有教授他人的经历	90%

传统的学习

团体学习

①让学生写在纸上

教育者习惯将学习内容不断地以自己的语言和图像书写。要让学习者自行书写，从而养成吸收知识的习惯。

②让学生以自己的语言进行表达

给学习者一定的时间，让他将写在纸上、笔记本上的内容以自己的语言说出来。这时不要在意措辞和讲话方式，请保持可以令学习者自信讲话的氛围。

③适度的休息和能量补充

绝大部分学习者在反复进行①②的学习过程中，都会觉得疲劳。所以要规划时间，插入定期休息的时间。让学生做深呼吸或伸展运动，让氧气进入大脑里面。此外，让学生补充适当的水分和甜品也是有必要的。

④对学习内容设定限度

在有限的时间内，让学习者一次性学习太多知识是不行的。需要预先决定大致 3 个你认为最重要的知识点。不能要求他们一次记住太多，分小块进行传授较容易记住，即使回想不出某项知识的整体，至少回想起其中一点，这就简单多了。

⑤与已经知道的知识融会贯通

在吸收新知识的时候，将要学习的内容和已经知道的事情关联起来，对于记忆是很有效的。学习者应该自己想办法将已有的知识与新知识联系起来。

例如，英语单词 amend（订正），如果赋予"啊，虽然麻烦还是要订正"的印象[①]，就很容易记住了吧。其他还有语源、罗马字、俗语等也是有效的手段。另外，每个人在儿时都记过的"替字儿歌"也是有效果的。

教师和上司总想让学生和部下在短时间内尽可能多地记住更多的东西。

如果不考虑对方的基础和心情就一股脑地教育，反而在对方的记忆中存留不下什么。不如下决心"在其学习过程中进行教育"，由此使学生学到必要的知识，这不失为一条捷径。

---

① 日语中的"麻烦"写作"面倒"，发音是"MENDO"，和英文单词 amend 的发音有些接近。因此对日本读者来说可以通过这句话记住这个单词。——译者注

5. 学会以游戏的感觉友好地批判他人

这是我首次上教育哲学课时发生的事情。

课堂一开始，教授就指示 3 人一组围坐在一起，就"教育是什么"进行讨论。但不仅仅是讨论这个课题，还要求我们互相进行批判。

首先，第一个人就"教育是什么"进行阐述，接着第二个人对第一个人阐述的定义进行批判，然后第三个人对前面两人的定义进行批判，以这样的形式推进。时间是 30 分钟左右，讨论反复进行了数次，在讨论结束之后，全班就讨论内容进行谈话。

而我进入了最厉害的小组。

其中一名成员是专攻数学专业的英国学生阿列克斯，从英国公学（英国传统高中）毕业，就读于牛津大学最有名的学院——基督教堂学院，那里是电影《哈利·波特》舞台场景的原型。还有一位是永远保持冷静、目光锐利、来自墨西哥的新锐记者冈萨罗。

首先，阿列克斯对"教育是什么"流利地提出了自己的定义，结合自己的人生轨迹，充满自豪地进行阐述。

接着，冈萨罗对阿列克斯阐述的定义，一条条地进行了严厉的批判。这是记者精神在燃烧吧。

最后，我将对前两者的定义加以批判。

那时的我只顾拼命思考，现在几乎不记得当时得出了怎样的答案。但是，这一经历至今仍然非常强烈地留存于我的记忆中。

通过这一课题我明白了一件重要的事。

所谓就一个课题进行相互批判，实际就是将整体讨论深化，向着更高水平的问题认知进行拓展。这种思考方式的源头，据说是古代希腊的"对话术"。

与对方"快乐地"进行意见冲突的方法

所有日本人从接受义务教育开始，就被灌输"不能当面批判别人的意见""要重视和睦"的思考方式。在这种文化中培养起来的日本人，对于批判他人这件事，无论如何都会有所抵触。

我将刚才的课题采用到自己的课堂中。

同样地，我要求学生定义"教育是什么"，然后互相之间进行批判，但每次学生必然会发出"哎？"的困惑反应。

不管怎样，我会让学生先讨论5分钟，在讨论的中途向全体学生说明进行这个课题的3个重要前提。

◎　互相之间要完全面对面

◎　进行批判可以深化讨论

◎　要以游戏的感觉乐在其中

添加这样的说明之后，一开始讲话扭扭捏捏的学生，可以稍微放松开来互相批判了。

让全体学生进行 15 分钟的互相批判后，谈话结束，让两名学生站到大家面前，报告批判的实际过程。

最后，我对批判他人意见时有效的讨论方法进行了说明。

　　① 要认真听取对方说的话，并且要听完整。

　　② 不是要批判对方的全部意见，而是要明确区分同意和不同意的部分。

　　③ 只批判对方意见中你不能认同的部分。

　　④ 对于自己批判的问题，必须提出相应方案。

如此一来，一开始对批判对方的意见有所踌躇的学生们，开始明确地对他人的意见进行批判，热火朝天地进行对话了。

对于对方的批判不产生感情波动的 4 个诀窍

日本人不习惯批评他人，很容易将对他人的"意见"进行批判与对这个人"本人"进行批判混为一谈。

前者是富有建设性的行为，但后者稍微过火就会变成对对方的人格攻击，所以首先要清晰认识到这是完全不同的事情。

如同体育活动有规则一样，讨论和辩论等需要对他人意见进行批判的场合也存在规则。如果没有规则，就会变成单纯的吵架或毫无意义的争执。

另外，如果批判对方时过于穷追不舍，会导致谈话本身无法推进。对方已经明显穷于应答的时候，为其留下一些"反驳的余地"也是很重要的。比如说，在批判对方时，自己先说一句"我的××想法是很不充分的"，就提前给对方留下了批判的余地，这样也不错吧。

在上司与部下之间，我想有时候也会有激烈的意见冲突发生。特别是上层一旦感情用事，对方可能就会退缩，于是就无法有效地对他人进行批判了。

请站在上司立场上的人，一定要养成极力抑制情绪冲动的习惯。我在觉得情绪将要爆发的时候，会按照以下4点心得来应对：

①不立即回答

向对方表示"请给我一些思考的时间"，取得5分钟左右的缓冲时间。

②稍微闭一会儿眼睛

眼睛和嘴巴一样是会说话的，不要让对方看出你的情绪。

③在心中进行呐喊

在做①和②的同时，在心中高喊3次"我很生气！"

④静静地深呼吸

大口吸入空气，在吐气时花 1 分钟左右的时间，慢慢吐出。

6. 以"段落化"明确文章论点

经常听人说，在日本写文章的时候，要注意"起承转合"。这种形式原本是从汉诗中"绝句"这种古诗形式演化而来的。必须要注意的是，在写故事或者诗歌的时候，"起承转合"是很有效果的表现方法，但它不适用于世界标准下的论文与报告书等偏实用性的文章。

我有几位相识于牛津大学留学时代的英国友人也在日本的大学任教。他们用英语传授专业知识，并要求学生用英语提交小论文。英语为母语并在日本执教的教师经常说："日本学生写的文章，论点和论证方法都不明确，搞不清楚到底想表达什么。"

我在美国和英国留学的时候，也被导师这样批评过多次。不仅仅是在写英语文章的时候，学生们在以日语写作时也是这样。

文章的结构："嵌入结构"

我教导学生，在写论文的时候，要学会"段落化"写作。英文

paragraph 在日语中虽然是"段落"的意思，但这里并不只意味着"换行、首行缩进 1 字符开始书写"。段落的组成是有规则的。只要注意到这个规则再进行写作，就能够写成读者容易读懂、容易理解的文章。

正是"paragraph"决定了文章的质量。阅读各段落开始的数行，就可以对作者的主张有一个大致的把握，这样写文章是很重要的。

以"段落化"的方式写文章时，要遵从"揭示主张·话题→具体化·说明"的顺序。有人会在阐述理由时写出长篇大论，将结论放在最后，但是这样一来，不读到文章最后，就不知道要表达什么。不仅如此，读者也不得不在不知道作者想要说什么的情况下，以摸索的状态阅读文章。如下一页图所示，应当在第 1 段落最先揭示文章整体想要表达的"主张"。

第 1 段落的目的是揭示主张和说明主题、概括全文。揭示主张之后，应大致概括从第 2 段落开始要讲述的内容。这样的话，读者就能在把握文章整体面貌的基础上阅读文章。

从第 2 段落开始，展现可证明主张的根据和理由。在最初的段落明示主张，第 2 段落之后阐述具体理由，这是文章的基础。

在之后的每个段落中，也要采用"揭示话题→具体化·说明"的结构。也就是说，对一篇文章来说，是"第 1 段落与第 2 段落之后的各段落"；对一个段落来说，是"第 1 句话与第 2 句话之后的各句"，它们都可以成为"揭示主张·话题→具体化·说明"的关系。

文章的构造

文　章
第 1 段落
揭示主张
说明主题 / 概括全文
第 2 段落
揭示话题
具体化·说明
第 3 段落
揭示话题
具体化·说明
最终段落
结论

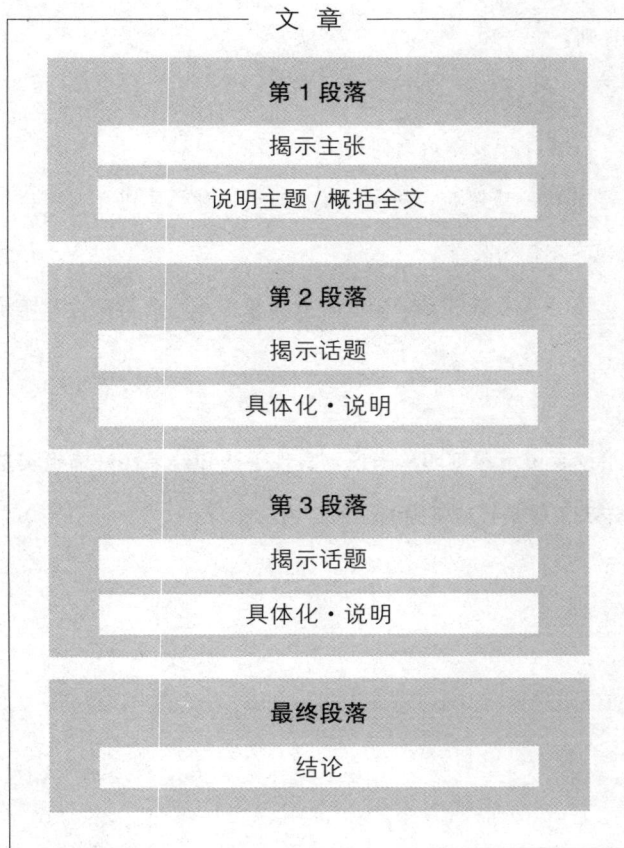

1 个段落阐述 1 个话题

为了写成容易理解的文章，遵守"在 1 个段落内阐述 1 个话题"是很重要的。为此，在各段落开始的地方，必须先揭示话题，对此加以详细说明。这样读者就可以在把握作者试图阐述的内容的基础上，阅读详细的说明，并且很容易就可以理解。在构成段落时，要注意以下 3 项规则：

　　①在 1 个段落内只阐述 1 个话题。

　　②同一话题就在同一段落内进行阐述。要避免同一话题分别出现在不同的段落。

　　③在各段落开始的地方，对该段落相关的话题进行明示，概括这个段落的内容。

从给读者留下深刻印象来说，表现手法和效果性修饰确实是必要的，但先决条件是打造坚固的段落结构。

7. 短时间内正确把握"作者视线"的读书方法

在"小课堂"一节中已经说过，在牛津大学学习需要拥有短时间内阅读大量书籍与论文的技能。

在英国，牛津大学的博德莱安图书馆（以下简称BL）是仅次于大英图书馆的第二大图书馆。BL位于大学街的中心位置，牛津大学的代表性建筑——拉德克里夫图书馆也位于BL其中一角。该图书馆拥有500万册以上的藏书数量，保存有写于中世纪的手稿和乐谱、账单等。在BL的入口处有护卫实时守卫，严密防范不法分子闯入或者偷盗事件的发生。

进入BL内部，可看到中世纪绘画般的光景映入眼帘——仿佛带人穿越至中世纪的古典装饰，鳞次栉比的房间被美观陈设的藏书包围，学生们在安静沉稳的氛围中努力学习。

只要有时间，我就在BL读书。因为想要读的书或者热门书经常已被借阅，学生们必须一次性搜集很多书，放到桌子上堆得像座小山，然后默默地阅读。在重复这种日子的过程中，我便掌握了某种读书方法。

下面，我将介绍在短时间内高效率且正确阅读逻辑性文章的技巧。与故事或小说不一样，论文和报告书有既定的"模式"。只要理解了这个"模式"，就可以选择性地阅读重要的地方，同时也可以避免理解错误，实现正确的阅读。

只要理解"写作"背后的思考，就能加深阅读

在写成文章之前，必然会有反复的失败。写作的人在思考各种问题与条件的同时，需要无数次地进行修正，从许多候补选项中选择最好的文章表达方式，最终才能够满意，将其印刷在纸面上，供读者阅读。读者如果一边揣摩作者的试写过程一边阅读，就能确切把握作者想要传达的内容。

那么，究竟应该如何站在作者的视点进行阅读？我认为应按照如下步骤读书：

①先通览标题和小标题，确认文章阐述的内容是什么；

②仔细阅读正文的导入部分（一开始的 1~2 行）；

③先阅读各章节开头的 3~5 行。这个行数只是大概标准。这样做的目的是找到话题中心；

④为确认有没有对③产生误读，阅读各章的总结或结论部分。如果与自己理解的不一致，则返回③；

⑤选择需要的部分进行仔细阅读。如果有必要，从开头按顺序仔细阅读也可以。

对于内含某些主张和逻辑的书，阅读的时候不能漠然地从头到尾只追随其文字。有必要在知晓那本书写了什么内容的基础上，选择重点章节进行阅读。因此，面对一本书，改变阅读方法，阅读两遍是很有效的。阅读第 1 遍时快速通读整体，第 2 遍则选择重要的地方认真阅读。

请参照第 25 页"段落化"一节中介绍的图。

具有逻辑性的书籍是遵从"揭示主张·话题→具体化·说明"的顺序书写的。因此，只要明白了"主张·话题"，就能够大致把握作者要说的内容。

拿到书后，首先浏览一遍目录，确认构成这本书的各章节的标题，在开始读之前把握其逻辑是如何展开的。然后，仔细阅读"序章"和"终章"。原因在于，"序章"和"终章"不但嵌入了作者的主张，而且将这本书进行了整体概括。首先阅读这些，可先行了解作者的中心主张。

接下来，将整本书快速阅读一遍。对于附有小标题的章节，先阅读各章节开头的 3~5 行，确认其段落话题。如此一来，就在仔细阅读每句之前了解了话题的整体情况，避免意外的误读。了解话题的整体情况后，再仔细阅读仅通过段落话题无法了解其含义的章节，或其他认为有必要深读的章节。

阅读难以理解的文章这一行为本身具有重要意义

上学时，我不只阅读与教育学专业相关的书，诸如社会学、历史学、心理学等各个领域的书也会阅读。其中特别难以理解的是哲学书，往往花费几个小时的时间，阅读也只能推进数页。

　　书籍多种多样，既有简单易理解的，也有完全无法把握其内容的。这样的情况不单是我，牛津大学的其他学生也同样会遇到。即使不能完全理解内容晦涩的书，花费很多时间拼命阅读的经历本身也多少会带来一些收获。

　　通过反复获得这样的经验，不但能掌握高效的读书方法，而且也能锻炼忍耐力。这份忍耐力有益于今后实际的学习和工作。

8. "斥责"与"鼓励"是一对组合

在受到他人的强烈斥责或提醒之后，任何人都会情绪低落。而因其破坏了规则或指示，又或者没有达成目标，带着"被骂是理所当然"的态度去提醒其注意，受斥责的人会更加精神不振。

一般人们认为"斥责"和"发怒"是不一样的。所谓"发怒"，不过就是向对方"反映"自己的感情。而另一方面，所谓"斥责"是以教导对方为目的，是与自己的感情相对应的一种手段。

许多媒体将"斥责方法"和"提醒方法"总结为如下几条，我大体上是认可的。

◎ 不要在大庭广众下进行斥责。

◎ 只斥责失误的地方，不要斥责其人格。

◎ 要公平公正地对待全体成员。

◎ 不要一次性斥责过多的事情（有多件事要提醒的话，一次最多说两件事）。

　　我在牛津大学就读时，也曾因为论文的写法、口头演讲的方法而受到指导教师的"斥责"和"提醒"。而现在，我身处提醒学生注意的立场了，有时候也会觉得情绪冲动到想要高声怒骂。这时，就需要在遵守以上几条的同时，内心秉记如下要点。

感情冲动的时候数 10 秒钟

　　如果直接向对方释放激烈的情绪，反而会产生负面效果。当感觉情绪快要爆发的时候，请先在心中默默地数 10 秒钟，然后再开口说话。如果无论如何情绪都无法抑制，可以先暂时离开，过一会儿再进行斥责。人的性格有许多类型，无论怎样通过语言提醒注意，只要其本人不反省，那就没有意义。随着"斥责方法"的增多而改进方式，寻找适合对方的方法是很重要的。

◎ 对方在诉说借口的时候，什么也不要说，只需用眼睛看着对方轻轻点头。

◎ 在斥责完毕后，把手不经意地放在对方肩上。

　　通过这样的行为，即使在进行斥责的时候，也能够使对方感受到信赖和安心。

　　另外，不要直接斥责对方的行为本身，要用婉转的方式加以表达。

　　我也曾因为晚上读书到深夜，并且还要写报告，导致上午的研讨会迟到。当我很抱歉地走入教室的时候，牛津大学教授的举动给我留下了深刻印象。那位教授并没有斥责迟到的我，而是微笑地指一指空座，让我坐到那里。

授课结束之后，我向教授表示道歉，教授说："我明白学生每天辛苦学习会导致迟到。请一定要注意身体健康。"他反而对我的身体情况表示了关心。

对于应予以斥责的行为，不用语言去提醒其注意，反而用宽容的态度予以接纳，很多情况下这样做也很有效果。

在斥责之后鼓励其产生共鸣与勇气

当遭受到斥责，任何人都不会感觉开心。如果斥责之后便结束了，就会因为双方互相觉得难堪而使情感产生距离。所以，重要的是在进行斥责之后，也要向对方诉说对其的期待，表扬其做得好的地方，使其产生"我要好好干！"的心情，最后以良好的感情互动作为结束。

比如，"你需要多注意周围情况。你能集中注意力，如果能多注意周围情况的话我会很高兴。"像这样先进行斥责，随后进行鼓励。

受到日本经济发达、"宽松教育"政策等影响，我经常在新闻报道上看到，"心理脆弱"的学生和公司新职员每年都在增加。据说，有人只是被指出工作上的失误，就在第二天递交了辞呈。对此究竟怎样应对才好？请问大家，你会对昨日过度斥责的人道歉吗？

对于必须斥责的对象，如果仅仅因为其心理脆弱就默然不加斥责，也不能起到好作用。因此，请按照以下方法应对"心理脆弱"的人。

①要将斥责内容切实传达给对方。在此基础上，仔细倾听对方的借口，清楚地向其表明其中你可以认同的地方。

②理解对方悔恨、悲伤、无助的感情。

③只要不是特殊情况，将斥责的时间限定在 5~10 分钟内。

④所有对话都要注意语言措辞。

千万不要说"你这样做不就好了""下次要这样做"等话。

类似"你这样做的话我会很高兴""你这样做会帮到我"，不采用命令语气，而是将自己的心情传递给对方是非常重要的。

⑤最后一定要进行表扬，使其产生期待的心情。

要培养出遇挫更强的人才，在斥责之后必然要好好进行鼓励，使其产生"将挫折化为前进动力""我不会丧气"的信念，这非常重要。

另外，斥责之后再次见面时也是很重要的时刻。在打招呼之后，表扬其"很有精神啊！"，或者以"日本队的比赛怎么样了？"等话题显示出若无其事的样子，就能构建良好的人际关系。

另外，如果对方无论如何也听不进自己的斥责，那么找对方最为尊敬（或最害怕）的人代为提醒，我想也是很好的办法。

总　结

◎ 只有一对一交流才能互相提升实力。

◎ 如果不想错失机会，就要打破"常识"。

◎ 要推进作业的效率化、价值的最大化，需要从"道理"出发
　进行考虑。

◎ 教育本身就是最好的学习。

◎ 只批判对手的意见本身。

◎ 理解"写作"背后的思考，深化"阅读能力"。

◎ "斥责"与"鼓励"永远是一对组合。

第二章

引导人与团体走向成功的
"统率力"

9. 不是领导也可发挥的"统率力"

"统率力"意味着集合并率领很多人的能力和素养，也可以说是"领导力"。

由两人以上组成的团体思考要做什么的时候，就需要领导做出最终决定并承担责任。

很多人听到"领导"或"指挥者"，会觉得那就是组织的最高负责人、取得最好业绩或成果的人、出面讲话的人、被大家喜爱的人，等等。

但实际在社会上发挥"统率力"的人，并不一定单单是上面那样的人。

"位高则任重"是"统率力"之源

牛津大学的教育方针被称赞为善于培养领导力。包括玛格丽特·撒切尔在内的历代英国首相中，有很多都是牛津大学的毕业生，还有多到数不清的、活跃在全球的毕业生。

牛津人的领导力有明确的共同点。一言以蔽之，就是拥有"noblesse

oblige"思想。大家知道"noblesse oblige"这个词吗？日语将其翻译为"与高贵身份相伴的义务和责任"。在国家或社会中处于上层地位的人，在得到高报酬或享受荣誉的同时，也有义务和责任正确引导大众，甚至不惧牺牲自己，这就是这句话的核心。

牛津大学至今仍为在第二次世界大战中奔赴战场、为国牺牲的年轻学生们感到自豪。当时，作为学生兵参战的牛津学生，几乎都出身名门世家、富裕家庭、艺术家庭等社会精英阶层。现在看看全世界，到底还有多少持有"位高则任重"思想的精英呢？

的确，随着时代的变化，"位高则任重"的含义也慢慢发生了改变。简单来说，我认为"位高则任重"的人需要拥有以下 3 个特点：

①明确了解自己对社会承担的义务和责任

不单是工作，也愿意为社会做出贡献。

②不排斥任何人，一概公平对待

对自己的上司和自己的部下采取的态度没有偏颇。

③拥有宽大胸怀，也有忍耐力

对他人有礼貌、和善，也可以为了他人忍耐。

下面让我们看看，拥有"位高则任重"思想的领导的"统率力"，其本质究竟是什么。

10. 教育引导水平不同的团体

进行团体教育的有效方法

以牛津大学为首的全球精英大学中，都会有一群被尊为知名教授的人。

比如说，在日本广为人知的"白热教室"，就是由哈佛大学的迈克尔·桑德教授主持的课程。他运用有趣的事例对政治哲学这种难以理解的学问进行简单明了的解说，听课的学生纷至沓来，以至于教室中挤满了人，几乎妨碍了听课。因此，现在桑德尔教授的课程被制作成视频发送到世界各地。

要成为组织的领导，需要能够在很多人面前发表吸引人的讲话，并且有能力引导教育他们。

与父母查看孩子的作业、上司对部下进行指导等个别指导不同，教育一个团体的时候，团体中人的水平各不相同，就会带来困难。

作为教育者，要以什么内容、以谁的水平为标准指导全体，这个问题总是让很多人感到困惑不解。

①以团体中多数人为标准

教育团体时，经常出现的情况是，已经达到一定高水准的人可能会抱怨"太简单了"，相反，掌握知识还比较少的人则提意见说"太难了"。在这种时候，需要以多数人的水平为基准来实施教育。为此，首先要正确把握多数人的水平是什么。

②不要忘记关怀少数人

即使不以"能或不能"划分一个团体，在其顶端和底端也总会存在占有几个百分比的少数人。虽然以多数人为标准很重要，但也不能无视少数人的意见。

因此，对于"学习最优秀群体"，可以用高难度的教学内容测试其实力，可能的话就让他们进行自主学习。也就是说，"有能力的人"很多情况下都拥有适合自己的特定学习方法，只要为他们指示教学的方向与应该读的资料就可以了。

对于"学习最差群体"，要和一般的团体教育区别开来，专门为其安排时间，从基础开始教育。如果一直把他们放在多数人当中，他们就会产生自卑感，对学习抱有消极抵触情绪。

③以小团体进行相互学习

所教育的团体的规模非常大的情况下，将其分成小团体是比较有效的。

如果只是教育者自己不断讲话，那么面对的人数越多，听者的集中力就越分散，讲话途中不断会有人感到无聊。要尽可能根据每个人的特点，将大团体划分成小团体，让小团体内能够充分交换意见。

另外，在各团体内任命一个领头者的话，学习效果会更好。各小团体之间将产生一种紧张感，互相竞争着进行学习。

④指导时要把握小团体的沟通能力

特别是在分成小团体进行教学的时候，要注意参加的人"听"和"说"的能力。教育者要使学习者遵守以下几点：

"听"的时候

◎ 面朝说话人认真听到最后

◎ 一边听一边确认对方想表达的事情（要点）

◎ 一边听一边注意对方，做出适当的反应（表示赞同等）

"说"的时候

◎ 想表达的事情（要点）用"一个词""一句话"简洁地说

◎ 同时说出想表达的事情（要点）的"目的"和"理由"

◎ 说话时注意讲话次序，要让对方容易听懂

⑤不要错过转变讲话流程的时机

面对团体讲话时，有时候一开始比较缓和的气氛会在瞬间变得非常严肃。这是因为谈话是有"流程"的，需要根据氛围时常转变问答

方式及表情。请抓住以下时机转变讲话的模式：

◎ 对方的表情突然变得很认真（或者笑脸）

◎ 谈话中断、陷入了沉默

◎ 与你谈话的人的视线变得游离了

◎ 能频繁听到周围有咳嗽声

◎ 讲话接近结束要做总结的时候

小团体可以通过成员间的互相联系提高学习意愿、交流思想，使他们主动接近教育者的目标。因此，教育者需要努力把握讲话的整体"流程"，根据情况改进自身讲话方式等。

11. 将"原本的自我"品牌化，提升自身价值

牛津大学现拥有赛德商学院（Said Business School），学生可在此取得 MBA（工商管理硕士）学位。尽管并非我的专业领域，但我还是得到了很多与 MBA 在读的学生交流的机会，且一直持续交流到现在。美国著名的商学院（哈佛大学等）也是一样，它们从全世界选拔出优秀学生，大多数毕业生成为律师、会计师或者超一流企业的职员，拥有卓越的职业背景。

我与赛德商学院的朋友谈话时注意到，无论是经营学还是其他知识领域，要想在课堂上展示出自己的形象，就必须积极发言、主动引导话题。这并不限于课堂上的讨论，在日常生活中与他人接触、从事团体工作的时候，彰显自己的价值也很重要。

对自身价值持有自信

以赛德商学院的学生为首，牛津人提升自身价值、取得高品牌效应的方法，是在严格的学业生活中自然积累出来的。我将自己的体会总结为以下 3 点：

①承认并珍惜自己与生俱来的性格与素质

人的性格是五花八门的。我想，人能够在一定程度上把握自己是内向还是外向的性格。首先，要直率地承认自身的基本素养。在这个基础上，根据时间、场所、状况对自身的性格进行调整，训练出适应能力。

②时刻准备以绝佳效果表现自身

要做好准备，可以随时随地简单说出自身的专业度、擅长领域、性格、兴趣等表现点。反复说很多次以后，就会擅长表现自己。

③诚实地对待他人

不要一味强调自己，也要对对方表示关心，以诚实的态度对待他人。

与谁都能搭话的牛津人

不只是牛津，在整个英国的街头巷尾，都有名为"pub"的酒吧。与日本的居酒屋不同，在英国酒吧，不论是谁，即使是一个人也可以自由出入、吃"pub 餐"，将其当成类似饭店的餐饮店也可以。我和同学也经常前往酒吧。到了周末，大学附近的酒吧里总是挤满了牛津的学生。

和其他精英大学相比，牛津大学的同学会在集合方式上是不同的。美国顶尖大学大多是以如 MBA 等攻读专业作为划分单位来召集聚会的，在牛津大学则与学科等完全没关系，而是以"1 个牛津人"为单位参与聚会。

因为毕业生的专业和入学年份不同，所以看不出上下层关系和人际关系的尊卑束缚。一开始，很多人会觉得"竟然能拜见如此厉害的人"，一旦关系熟络了，下次再见面的时候就不用通过秘书安排，直接可以会面，这不正是牛津人的特性吗？

而且，在牛津大学的同学会中，不仅会交换对过去、未来的政治以及经济的看法，经常也有"处世方法""作为人的良好生活方式"等带有哲学意味的谈话。确实是不忘"位高则任重"思想的牛津人的特性。

日本人一旦参加很多人的集会时，就会变得小心谨慎、神色慌张，只和陪自己同去的人说话，或者干脆变得孤立，我想这种情况是很多的。

而牛津人一旦进入有很多人的场合，立刻就会找到谈话对象，自然地融入其中，这与其自身具有的领导性与社交性相关，能够将自身风度表现出来。

自然融入很多人中去的方法

我观察了牛津人的社交举动，了解到要给对方留下深刻印象，需要具备某些共通的特性。

首先，必须非常重视第一印象。给初次见面的人留下好印象，能够提高今后顺利交往的可能性。

这是发生在牛津图书馆中的小故事。有一次，我去找一本想读的书，向图书管理员询问："Tell me where I can find this book?"（告诉我在哪里能找到这本书？）

管理员没有做任何回答。我又问了一遍，他还是没有回答。

我心里想着为什么，又要开口问第三遍的时候，排在我后面的学生小声说"你要说一声 please"。我"啊"了一下，慌忙向管理员说了"请"字，管理员便微笑着告知了我那本书的位置。

第一印象的好坏是由基本的打招呼的方式决定的，良好的沟通也是由此而始，这么说一点儿也不夸张吧。

"早上好""你好""晚上好""谢谢您""对不起"，等等，这类打招呼、表示感谢和道歉的词语是很重要的。特别是有求于对方的时候，不论是否是上下级关系，都要使用礼貌的语言，并且一定要说"谢谢您"。

在礼貌交流的基础上，从与对方的交谈中发现共同点，将话题扩展开来，对于增进交流也很有效。从对方的个人经历和时尚品位、兴趣和谈话方式（口音等）中，都能找出共同点。

要使团体对自己留下印象，就需要构筑从一个人连接到许多人的桥梁。

团体的人数也可能会从少变多，要一次性让许多人对自己留下印象是很困难的。首先从团体中的每个人开始，深化信赖关系吧。

另外，对从事的领域与自己所属的组织并不相同的人们，和他们进行交流也有利于提高沟通能力。约请他们吃饭或喝茶也是方法之一。

无论作为个人还是公司，"信用（约定）"是最为重要的。

A 先生总是在约定时间的 5 分钟前到达，那么 A 先生就作为绝对不会迟到的人受到信任。或者将工作认真做完，为自身建立良好形象，并且必须守护住这一形象，才能培养出自身的品牌力量。

明确自身和他人的差异

需要找出自己拥有的技能、在业界不逊色于任何人的长处。比如在大学里，有些人为了不经意地展现自己的成绩，会将学位记录和奖状贴在研究室的墙上。仅这样做就有助于将自己的专业度展现给周围的人。

实际上，有某项研究显示，医院如果将医生和员工的资格认定证书展示出来，就诊时认真听从指示的患者比例立刻就能增加 30%。作为领导者，要想将自身品牌化，诀窍就是首先要认真思考周围人是如何看待你的。

然后，通过自己的外貌和个性，使自己的形象达到你所追求的目标。这是令你的统率力得到大家承认的强有力的手段。

12. 理直气壮地斥责，真心地表扬

1964 年，美国教育心理学家罗伯特·罗森塔尔提出"皮格马利翁效应"，即"人具有按照别人所期望的样子获得对应成果的倾向"。

反过来说，如果不被别人期待，被持续说"你不行的"，就会失去干劲和兴趣，如同被说的那样成绩下滑。这被称为"戈莱姆效应"。

无论在学校还是职场，即使是在家里，都会听到"这个时代再怎么努力也实现不了梦想""你的能力只能干这种工作了"等消极的话。

我十来岁的时候在日本的学校读书，那时候接受战前教育的老师很多，进行体罚或者口头责骂是很普通的事。虽然我相信在现代这样的事正在渐渐消失，但仍然会听到有教师体罚学生的报道。

因为有这样的事，所以在日本的社会和组织当中，受皮格马利翁效应影响、能力爆发的人是很少的。可能从现实角度来讲，受戈莱姆效应影响而丧失干劲的人更多。

作为领导者，要让组织成员得到教育和进步，重要的是先要养成对他们进行表扬的习惯。

不要给人贴上消极的 "标签"

给人贴 "标签" 也会对人的心理造成很大影响。所谓 "标签"（letter），原本是荷兰语中 "商品名称" 的意思，在这里意味着对某个人进行单方面、断定性质的评价。

比如，大众媒体将不同年代的价值观差异大致概括出来，20 多岁的人是 "缓慢族"、30 多岁的人是 "浪荡族"、40 多岁的人是 "泡沫族"，65 岁以上的叫 "团块族"。"标签" 渗透到社会各个角落，以至于只有 "标签" 横行霸道。一看见 20 多岁的人，就说 "是缓慢时代的人，所以挺悠闲"；看见 40 多岁的人，就说 "是泡沫时代的人，喜欢华丽"，等等，每个年代的人都被用 "标签" 来评价。

如果把组织成员按照年代划分，贴上消极的标签，那么被贴标签的人会看低自己，觉得 "反正我就是缓慢的一代"，很可能会妨碍双方信赖关系的形成。

反过来，当对成员抱有很大期待时，通过语言传递给对方是很重要的。

我在牛津时曾有这样的经历，导师对我说过的话让我对写论文变得有信心。那是我攻读博士课程的第一年，由于完全不懂英国式的论文写作方法，我陷入极大困境之中。

把论文给导师看后，好几次被他指出 "你的文章论点不清，看不出要说什么"。有时候导师只是摇头，甚至曾把我写好的稿纸直接扔到地板上。

这样过了一段日子，有一天我感觉"应该写得很好了"，就将稿纸呈送给导师看。

"这是到现在为止，你写的稿子当中最好的。"

"请按照这个节奏写下去，这样的话一定能把博士论文完成。"

这些话至今留在我心中，如果没有这些话，恐怕就没有现在的我了。

9 成的时间严厉，在重要的时刻认真表扬

实行"斥责、表扬"的行为，是领导者培养团体及团体成员时不可或缺的责任。如前所述，在实施教育时，"通过表扬使其成长"是重点要素。但是，在实际进行教育的时候，对成员进行"斥责"是不可避免的。

在本书的第 31 页也曾提到，对人进行教育的时候，很重要的一点是将严厉的斥责转化为推动其前进的动力，构建起信赖关系。

为此，指导者首先要显示出对对方的兴趣、关心和情感，接触的时候需要通过灵活的沟通强化心灵上的羁绊。

互相之间有了心灵羁绊，那么即使严肃批评了部下（相信部下会成长），部下也会想到上司的批评是为了自己好，并且在关键时刻受到表扬时，会感到无比高兴。

13. 优秀的领导能够培养好的追随者

一个团队要将事业做下去，需要有领导，这个领导需要有组织团队并加以控制的能力。

但是不能让全体成员都成为领导。这会导致指挥系统混乱，反而没有办法解决问题。

以组织和团队推进事业的时候，辅佐领导的人，即部下等所谓的"追随者"发挥着重要作用。

无论是公司还是大学，站在组织高层的人需要有"领导才能"，与此同时，不要忘记站在支持领导的立场上的人要拥有"追随才能"。

牛津大学"文武双全"的运动员们

牛津大学的精英在擅长学问的同时，几乎同等重视运动精神。

我在学习的空闲经常去观看大学俱乐部的练习和比赛。有网球、划艇、板球等多种多样的体育俱乐部，其中，英式橄榄球对于牛津大学是特别的存在，即使是不太熟悉橄榄球的人也会觉得值得一看。

牛津大学与剑桥大学的橄榄球队并列为英国大学中首屈一指的强

队，高手云集。队伍中特别活跃的选手会被赋予"蓝者"（Blue）的称号，得到大家的称赞与尊敬。

不仅仅是橄榄球，任何以团队形式进行的体育运动都要求高度的组织战略和严谨的任务分工。

抢球的队员、传球手、踢球手，以及决定策略的队员，能良好配合进攻和防守的队伍才能获得胜利。

追随者的作用与培养方法

作为组织中的追随者，需要具有怎样的素质呢？我认为以下 5 条是基本应有的态度：

①认清团队的目标，认真尽到自己的使命与责任。

②在完全把握领导的指示后加以执行。

③为了强化成员之间的合作体制，有时需要保持克制。

④必须时刻注意不要产生扰乱团队合作的行为。

⑤要成为能够活跃团队气氛的人。

为了推进团队的事业，领导需要认清追随者自身的实力，增进其达成目标的意愿，促进成员之间的信赖关系。

作为领导者，需要有与自己并肩作战的同伴。但是，这样的人才是很难被发现的，如果寄希望于"命运的相会"，那团队的事业就干不成了。所以，领导必须考虑如何培养能够支持自己的优秀追随者。

首先，最为重要的一点是，领导者要有聆听追随者说话的习惯。为什么部下或研究助手总是沉默呢？那是因为领导讲话太多了。

"这个数据如何处理……""这个就这么干！"追随者刚开口说话，领导就打断，长此以往追随者就不会说更多的话了。

因此，为了使追随者能够明确表达自己的想法，领导者必须有认真聆听其说话的态度。

其次，要以具体任务和数值解释团队已确定的目标，以使得追随者了解并达成目标。比如说，"要在 6 月 10 日之前完成报告书""每周要进行 30 次上门销售"，等等，用尽可能简单易懂的语言进行指示。

建立合作体制最重要，首先要按照顺序建立良好的合作关系。突然就对追随者劈头盖脸地喊"大家要保持团队合作！""同伴之间必须互相协作！"是不行的。恐怕追随者会口头上回答"是，我会更加努力！"，但心中并不明白如何具体构建良好的合作体制。

首先，完全不需考虑团队合作的事，用平常的语言去搭话。例如，"上个周末你做了些什么？""一起吃午饭吧"，这样去搭话就行。

重要的是让追随者可以轻松谈话，不经意间构建起良好关系。随着时间积累到可以说出自己想法、关系已经很熟的阶段，便可以就互相的义务与责任范围等进行讨论，从而提升对团队目标的热情，进而互相诉说疑问和不满了。

不要过于深入对方的领域

人际沟通的相关研究表明，谈话双方之间最合适的物理距离存在国籍与个人差异。与对方之间距离的标准如下：

排他距离（50cm 以下，绝对不想让关系尚浅的不熟悉者进入的距离）

谈话距离（50cm~1.5m，进行一般谈话的距离）

接近距离（1.5m~3m，普通、微妙的距离，虽然可以不进行对话，但难以维持）

相互认识距离（3m~20m，认识的人打招呼的距离，越接近对方就越不能无视）

在进行人际沟通时，与对方保持的距离是很重要的。这不仅仅是物理距离，也可视为与对方心理上（精神上）的距离。因此，领导要根据关系的深浅、长久程度与追随者之间保持合适的距离感。

即使是亲密伙伴，也要时常向其显示实力上的差距

都说"实力强于语言"，但上司与部下、教师与学生在一起工作、学习的时间长了，互相之间变得热络是很自然的事情。这对于构建良好关系来说基本上是有益的。

然而，与对方的心理距离太过接近也会造成问题。如果变得太过亲昵，成为类似"朋友"的关系，职场上的规矩和秩序就会崩溃，有导致工作效率降低的危险。

在牛津度过 3 年的生活之后，我与导师之间的关系也保持了很长

时间，互相之间不以姓而以名称呼。那时我还是太年轻，觉得在那种关系中是理所当然的，无意间就产生了把导师当成友人的错觉，时常做出一些无礼的举动。

有一天，牛津大学组织了一场与教育学相关的专题讨论会，我的导师作为会长参加了研讨会。会场的布置方式、研讨会的推进方法、适当的批判，最厉害的是精炼的英语表达……我深切地感受到，我已经忘记了牛津教授与自己之间压倒性的实力差距，因此产生了必须改正自己平日言行的想法。

工作中只有保持好上下关系，才能让统帅发挥作用、取得成效。如果感到与部下间的关系变得像朋友了，不要用语言，而要用行动令其见识到悬殊的实力，显示"推开与他的距离"的态度。但是，重要的是要做到若无其事、干脆地展示。

总　结

◎ 站在任何立场上都要有"位高则任重"的思想。

◎ 消除紧张感，掌握在团体面前讲话的能力。

◎ 明确与他人之间的差异，利用品牌效应提升自身价值。

◎ 以皮格马利翁效应取得超出期待的成果。

◎ 绝不要贴上消极的"标签"。

◎ 不要过于深入对方的领域，时常向其展现实力。

第三章

实现断续想法的"创造力"

14. "创造力"是从 0 产生的

　　"创造力"到底是从哪里产生的？在大脑生理学等尖端科学领域，盛行有关创造性的讨论，在哲学和教育学领域也经常有相关话题出现。

　　从很久以前开始，历史上知名的天才与伟人辈出于牛津大学。

　　这样的例子不胜枚举，如电影《指环王》原著小说《魔戒》的作者 J.R.R. 托尔金、外号是"奇异的博士"的哲学家罗杰·培根、被称为经济学之父的亚当·斯密、"铁娘子"政治家玛格丽特·撒切尔、理论物理学家斯蒂芬·霍金等都是牛津大学毕业生。

　　牛津大学的教育是，对于任何事实，重要的是首先对其有所怀疑、持有批判精神。在小课堂上，导师曾对我说："日本学生确实认真又优秀，但是并不擅长怀疑现实以及从批判性观点出发分析问题。"

　　也就是说，相对于缺乏怀疑和批判能力的秀才，牛津大学更推崇虽然成绩稍差，但具有独立思考能力的人。我在阅读与牛津大学相关的文献时，注意到许多在历史上留名的人都具备以上能力。这与没有怀疑和批判精神、只是认真听老师的话并取得好成绩的人是完全不同的。

实际上，想要成为有创造力的人，只拥有丰富的知识是不够的。也就是说，不需要一开始就知道很多知识，即使是"0"也没有关系。重要的是对各种各样的事情都抱有兴趣，具备果断采取行动的习惯。在此基础上收集、分析各种各样的信息，在整理思考的同时形成逻辑思考这一基本的思考模式。

学会基本的思考模式，发现新的事物并产生兴趣，渐渐就会产生创造力。

创造性需要化为语言并传递出去

换一个视角认识创造性的发挥，就是将许多人共有的"常识"打破，想出几乎没有人有同感的事情，将其转化为语言，并传递给他人的过程。

感觉和价值观总是因人而异，终究不能完全契合。

要持有"什么都不做的话，就不能把自己的思考传递给对方"的意识，在有条理地将想法传递给周围人的过程中整理自己的思考，从而产生新的想法。

在这个过程中，看上去没有什么联系的问题，可能会与意想不到的地方联系起来，或者让你在庞杂的信息中发现隐藏的光亮——那是通往新创造的入口。

试着改变行不通的方法

无论是学业还是商业，不可能总是用同样的方法。需要根据当时的情况采取各种应对方法，但人总是太过固执于自己已经习惯的方法，从而导致失败。像这样的失败经验持续下去，很容易就会扼杀新创造的萌芽。

印度独立之父莫罕达斯·甘地曾留下一句名言："如果希望世界有所改变，你必须首先改变自身。"如果一个职场人想要成为卷起"变化"之风的人物，那么首先要从创造讨论的机会开始，讨论怎样通过改变自身来创造新的性格特点。

另外，还需要知道自己的思考习惯（倾向）。不论是一直乐观看待事物的人，还是悲观看待事物的人，其思考方式中都有一种习惯存在。

比如说，好天气下，有人会想"晴天最好了"，也有人会想"太阳晒得真受不了"。**请把实际发生的"事实"，用不同的思考习惯解释。**尽管对所有人来说，"好天气"都是事实，但如果过于用自己的思考习惯解释，将看不到事物的本质。

为了改变思考方法、认识思考习惯，要尝试与平常不太交流的人进行谈话，阅读以前不曾涉猎的书，尝试学习新的东西，即使是同样的工作也要试着改变方法，这对于培养创造力是很重要的。

简单易用的创造力培养方法

牛津大学中，不论专业，在教育与学习中必须具备以下基本态度：

①制作将信息统一化处理的"储蓄罐"笔记

只储存大量信息而不加以整理，是无法有效利用的。应将想到的事情与留有印象的文章都总结在一本笔记中。尽管现在电子产品很发达，然而我们更需要将笔记本放在身边，随时进行记录。

记录时，牛津人经常会使用蓝色圆珠笔。据说蓝色能够让人的思考冷静，增加创造性。

②先写出来，再向他人进行说明

如果只是在头脑中进行思考的话，就会停留在"觉得自己在思考"的阶段。要训练自己将思考的事情写出来，以他人可以理解的语言进行说明。写出来就可以对想法进行客观审视，而向他人说明则可以整理自己的想法，在这个过程中产生新的想法。

③不要以句号作为结束，以"+α"结束

一般工作和作业都在"适当告一段落"处宣告结束。但是为了提高创造性，整理想法时不能在"适当告一段落"处结尾。为什么呢？因为如果这样就满足了，思考就会停止。

将新的想法总结并写下来的时候，不能以结论将其束缚住，而是要对之后能有怎样的展开进行预测，思考哪些部分有所欠缺，将这些"+α"的内容写下来很重要。通过写"+α"内容，当产生下一个想法的时候，就可以从更进一步的地方开始。研究论文在最后一部分经常会写"今后的展望"，就是因为有这样的作用。

④ "复制粘贴"会成为创造的障碍

最近，研究者在论文中使用"复制粘贴"成为受人关注的问题。不仅仅是学术界，在商业界这一行为也是不被允许的。

牛津大学对于教授与学生不说明是引用自互联网和相关文献，而当作自己所写的这种行为会给予严厉惩罚，即贯彻防抄袭主义，为此存在详细的指导方针。对违反此方针的人，将采取辞退、退学等举措。

新的创造只有从自己头脑中产生，才能称为"原创"。盗用别人写成、做成的东西是不可以的。反复复制粘贴会丧失自我思考、将想法转化为文字的能力。

如果想在自己原创的事物中引用别人写的东西，一定要以"引用自某某所写的某文献（书、作品、网址等）"的形式写下"引用目录"，这样就能立刻明白文献出处。在不得不引用别人的文章段落时，一定要在段落上加""号，标明引用出处。

你可能会认为拥有"创造力"是很困难的，自己无论如何也办不到，但其实它可以从日常中简单的、不自觉的行为中锻炼产生。

15. 无聊的独处时间培育出创造力

现代人总是非常忙的。忙于工作、家庭、人际关系，经常透支身体和大脑。处于这样的状态下，几乎没有时间酝酿优秀的想法。

英国的终身教育研究者特蕾萨·贝尔顿采访了许多著名的科学家、艺术家、运动员，其中很多人都说**小时候"独处的时间""无聊的时间"对孕育自身的创造力很有帮助。**

我认为，从小就不得不做很多作业、学习、上私塾的日本孩子，反而错过了孕育创造力的机会。这样的孩子长大成人后，一旦置身于独自一人的环境就不明白应该做什么，反而陷入混乱，甚至可能什么都不做了，只是晃晃悠悠地混日子。

贝尔顿根据其研究，提倡要从孩提时期给予孩子自由支配的时间，鼓励他们培养创造力。也就是说，如果没有独立思考的能力，是不会产生创造力的。我认为这个想法不仅适用于孩子，同样适合大人。

锻炼创造力的牛津大学散步小路

我在牛津大学读书时，经常在写论文时感到写不下去。无论在桌子前坐几个小时、读多少本书，也一行字都写不出来。

我将这件事告诉了来自马来西亚的同学、数学老师优素福。他听了便说："散一下步就好了。一边走路一边思考，好想法就会浮现出来。"

尽管我半信半疑地想"怎么可能散散步就能有好想法"，最终还是开始散步了。所幸在牛津市的街头巷尾，适合散步的场所非常多。草地上花草盛开，野鸟交错飞过，洋溢着中世纪氛围的街道，整修得非常漂亮的园艺花园，走在其中的人们会错以为自己步入了画中。只要愿意多走一点路，便能走到拥有蜂蜜色建筑的美丽古城科茨沃尔德(Cotswolds)，这里最适合散步。

你猜结果怎么样！真是意外中的意外，相比呆坐在桌前，散步后的心情明显放松了，思考力也提升了。

"为了思考的散步"

实际上，许多科学研究证明，散步和郊游有利于身心健康。因此，也请大家在自己的生活中找出合适的时间段，每天至少花 20~30 分钟时间散步。

我将散步分为 3 种，分别是放松的散步（没有目的的散步）、有目的的散步（减肥或者遛狗等），还有为了思考的散步（在试图进行思考的时候）。

对于"为了思考的散步"，我有以下心得体会：

①不要用力，慢慢地散步

在试着慢慢散步后我才察觉到，平常自己总是很焦急，不知不觉就小步快走起来。如果不在意周围，只是慢慢走，就可以保持住自己的节奏了。

②欣赏周围的景色

在行走中慢慢欣赏周围的景色。不要只是看景色，有时候可以触摸河里的水，也可以闻一闻草木的气味，请把人的五感都运用起来。接触多种多样的风景，只集中于一点的思考渐渐就会舒展开来，心情也会变得很愉悦。

③在散步中寻找 30 件以上让自己感觉愉快的事情

我曾经读到一篇文章，说散步中注意寻找至少 30 件以上让自己感觉愉快的事情比较好。例如"小花顽强地盛开着""能听到孩子们欢快的声音"，等等。这样可以养成将事物往好的方面想的习惯，最终让好想法浮现出来。

16. 维持创造的动力

我在大学从事教学工作，注意到在长假前后的一段时期，还有冷暖气候激烈变动的时期，学生们学习的动力明显会降低。"动力"简单来说就是"干劲"。

人类是很容易被心情和感情支配的生物。在动力高涨的时候昂首挺胸，能够制定远大目标并获得成功；反过来，动力低下的时候，简单就能做成的事也会中途放弃。这并不是人的能力问题，而是动力的问题。

不只是在牛津大学，在任何地方，要写好博士论文、取得学位的道路都是漫长的。学习过程中，对研究不间断地保持动力几乎是不可能的。

就我个人来说，一旦与他人保持距离、一个人写论文，就很容易将自己封闭，等意识到的时候，发觉自己连正在英国留学都忘了，只是持续着一成不变的生活。如此下去，研究的动力也渐渐减弱了。

有一天，发生了这样一件事。在牛津大学中，有不少被称为"OXFAM"的二手服装店，我不经意地走进去一看，只见在日本未曾见过的英式毛衣和靴子堆积如山。其中有一种平常牛津大学的教授和学生会戴的大礼帽。在日本，如果没有非常特别的目的，是不会买这种设计样式的帽子来戴的，但我当时买下来了，从那天开始出门就会戴上。

这可以说是模仿效果吧。我产生了"好似拥有了正经牛津人的派头"的心情，想要发奋学习的心情也高涨起来。只是稍微改变一下平常的生活模式，动力就会高涨。

下面我想介绍本人实践的，可以提升动力的生活习惯。

改变一直以来的做事方法

前面说过，人无论是学习还是工作，持续按照自己熟悉的节奏进行下去，就会感到枯燥，失去热情。不过，通过**"改变方法、手段、道具"**，能够令动力得到提升。此时重要的是，教育者要提醒学习者采用新的方法和手段。

方法和手段的变化：阅读厨艺类书籍，会产生想要做菜的欲望。

道具的变化：买了计步器的人，每天会出门散步。

大家自己有没有类似这样的经历呢？首先从形式入手，比如买一部新字典，尝试新的流行服饰，就能产生良好的动力。

灵活使用"接近坡度法则"

大家有没有这样的体会：学习和工作临近要提交成果的日期，情况已经变得非常严峻的时候，干劲就提升了。这就是所谓的"接近坡度法则"。有调查结果证明，人的动力在面临绝境时会喷发出来，每接近终点一些就更为提升。

比如说，跑马拉松的时候看见终点线，就会进行最后冲刺；发言日接近的时候，会拼命做资料，等等。

为了活用这项原则，提升学习者的动力，先促使其开始学习比较有效。

①每隔一小段时间设置一些具体的小课题

如"明天之前先将这本书的这一章学习一下"，通过设置短期内可以达成的小目标，并以尽可能具体的日期要求其完成，令其真实感受到越来越接近最终的长期综合目标，从而使其涌出干劲。

②明确优先顺序

例如，想让对方在特定时间内完成 10 个课题或任务的时候，要明示对方其中哪个课题最为重要，哪个课题不那么重要，即使不花很多时间也可以。但是如果指示太多，对方反而无法判断，所以重要的是在指示和学习者的判断能力之间取得平衡。

③皮格马利翁效应：表扬很重要

上司、教师、父母虽然以高目标要求学习者，却往往忘记在其取得成果的时候进行表扬。无论对方努力后获得的成果多么小，也一定要找出来并充分表扬。

④动力上升的循环

为了让对方的干劲长久保持下去，需要使其养成怎样的习惯？换一种说法的话，提升对方的动力这一行为，说到底就是不害怕"碰撞"，在对方不断达成小的成果时给予表扬，促使其进步。要想这样持续循环下去，最终达成长期的、远大的目标，重要的是认清下面的循环过程。

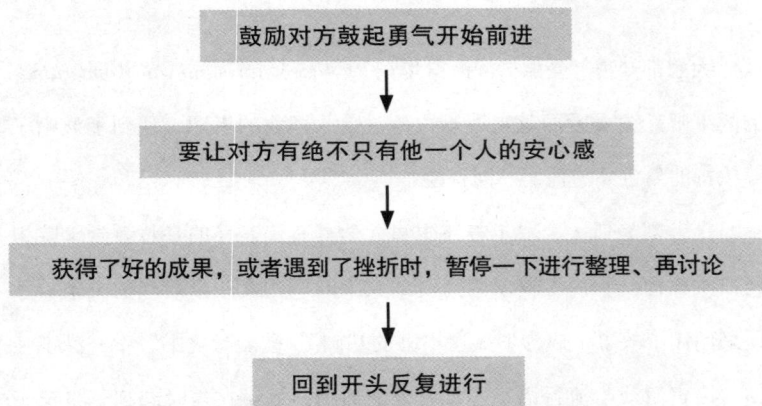

鼓励对方鼓起勇气开始前进

↓

要让对方有绝不只有他一个人的安心感

↓

获得了好的成果，或者遇到了挫折时，暂停一下进行整理、再讨论

↓

回到开头反复进行

要想在长期内提升对方的动力，使动力不断持续并达成目标，可以为循环设定期限与目标，尽量使其高速循环并向前推进。

在孕育创造力的时候，先尝试去做比任何事都重要。大多数人开始做某件事的时候，都会被不安和坏心情妨碍，以致不会采取行动。通过主动采取行动，可以让"动力的上升循环"变得顺利，不断接近目标。即使失败了，只要想着得到了"经验财富"，也可以成为下次行动的助推力。

17. 创造是从不确定性和风险中产生的

大家都知道《爱丽丝漫游奇境记》(*Alice's Adventures in Wonderland*)的故事吧。少女爱丽丝追逐着白兔，落入怪物的王国，遇到了疯帽子等独特的角色并与他们一同冒险。

作者刘易斯·卡罗尔曾在牛津大学具有代表性的基督教堂学院担任数学教师。听说卡罗尔因为受到大学同事的女儿爱丽丝的央求，才即兴创作了故事，成为形成这本书的基础。"爱丽丝之书"中充满了独创的语言游戏与流行语，还有可爱的插图，据说在当时起到了将孩子们从主流的、教训式的童书中解放出来的作用。

作为一流数学教师的卡罗尔为什么能够写出受到全世界孩子喜爱的"爱丽丝之书"呢？我想，当然是牛津街道上弥漫的幻想气息、由丰富的自然景观营造出的神奇环境带来的影响，也可能是卡罗尔没有失去孩子般的想象力与感性。

想象力是创造力的母亲

孩子与大人的创造力哪里不同呢？请回想一下我们在孩提时代拥

有的想象力，我想任何人在孩提时代都具有以下特征：

◎ 对事物表现得敏感

◎ 思考灵活没有条条框框限制

◎ 对于任何新事物都可以接受

◎ 直率地表达想到的事情

人在长大以后，就会被现实世界同化，失去孩童时拥有的特征。在孩子们纯粹的思考与想法之中，包含了无限广阔的创造力。

根据最近的调查研究显示，有效提升孩子创造力的手段有很多，例如从小开始让他们阅读插画书、陪孩子前往图书馆、谈论对读过的书的感想等。这些方式都可以让孩子们理解语言拥有的价值，养成阅读习惯，拥有创造力。

形成发挥创造力的职场

无论在学者的世界还是商业的世界，任何人都会面对必须以创造力解决问题的情况。为了活用创造力，大学、研究所、公司要成为能够让许多人发挥创造力的场所，也就是说需要形成具有创造性的职场。

我在牛津大学就读时，曾经对自己的职业前景感到烦恼。人们经常说，在日本社会"文科毕业的人没有就业机会"，而要在大学中成为研究学者也是极为困难的。

所幸我在比较早的阶段就在大学中获得了职位。不是谁都能按照预想的道路形成自己的职业生涯，这不仅取决于自身意志，也受到周围人的意见以及当时社会状况的制约。即使能够得到预想的职业，发生出人意料的事情导致中途变更职业的事情也经常发生。

正因为将来无法预测，才能面向未来生活

教育心理学家杰拉德在思考人的职业生涯的基础上，提倡"肯定的不确定性理论"（Positive Uncertainty）。这个理论的中心思想如下。

因当今世界各国的政治、经济情况都存在不确定性，一个人要预测其安定的职业生涯是极为困难的。但重要的是**以"肯定"的态度把握不确定的状况，面对现实并接受现实，从而创造未来的职业生涯**。与这个理论相似的还有斯坦福大学教育心理学家克兰博尔茨的"有计划的偶发性理论"等。

说起这些理论的产生背景，其中之一是战后日本企业中代表性的"年功序列制度""终身雇佣制度"等，突然被类似于外资企业的雇佣形式取代了。

这样一来就必须面对难以预测自身未来的状况，究竟如何应对才好？我想，大家都知道"轮椅上的物理学家"斯蒂芬·霍金。前面已有讲述，他虽然是牛津大学的毕业生，但在学生时代就染上重症，一时已有死的觉悟。但他仍不气馁，通过刻苦研究对现代宇宙理论产生了极大影响。

被疾病剥夺了身体自由的霍金博士，不得不离开需要进行实验的领域，专门研究理论物理学。对于人类绝对无法抵达的宇宙边缘的世界，他在头脑中通过缜密的计算对其分析、解析，是一个天才。我想在此引用霍金博士在他的著作中说的几句话。这些话包含富有启示的、

面对不确定未来时的心得体会。

第一句是，"不要盯着脚尖，而要仰望星辰。"（不要被过去束缚，而要积极看待未来。）

第二句是，"绝对不能放弃工作，因为工作赋予生活目的和意义。如果没有了工作，人生只剩下空虚。"（拥有能够投入一生的工作。）

第三句是，"如果非常幸运能够寻找到真爱，绝不要忘记那是稀有之事，不能将其丢弃。"（汉字"人"就像两个人在互相支撑。）

为了在面对不确定的未来时心怀希望地活下去，不要对糟糕的过去和现状悲叹，无论是工作还是兴趣，要找到能让自己不断燃烧热情的事情，并坚持做下去。也不要忘记珍惜帮助自己的人们。

在严谨地制定未来计划的同时，要将自己的"直觉"作为一种知性加以对待。日本有句俗话说，"十人十色"，你所持有的直觉是与只有你才能产生的创造性联系在一起的。要客观接受眼前的现实，如果产生不安的话，就将不安看作自己心理状态的一种反映。

本节介绍的"爱丽丝"和霍金博士，即使进入完全未知的世界或者陷入无法预测的状态中，也绝不怯懦，反而是果敢地向前冲去。其中既有赞颂人生的快乐故事，也有不少悲伤痛苦的情节。正是在苦难的时刻，人才必须以智慧和希望跨越过去。

如果有机会，请一定到牛津大学的基督教堂学院来，欣赏一下描绘在学院餐厅彩色玻璃上的"爱丽丝漫游奇境"。正是因为存在不可预测的未来，我们才能真正理解，我们需要拥有能够创造自由、积极个性的生活方式的力量。

18. 将创造性思考标准化的 4 个阶段

最近不只是快餐店，各行各业都在服务及数据管理等工作上推进"标准化"。通过制定标准，明确个人在遇到某种情况时应如何应对，确保全体采取统一的行动，这被认为很有成效。

那么，创造力也可以标准化吧。

英国的心理学家华莱士主张，**创造性思维的实现可以划分为 4 个阶段（准备阶段、酝酿阶段、明朗阶段和验证阶段）**。基于这个理论，下面介绍可以将部下或者子女培养成具有创造性人物的有效方法。

在日常生活中为创造做"准备"

首先，从字面上看，"准备"就是在自己身上培养出创造性思考基础的阶段。在每天的学习和工作中，使用学习到的知识与技能，灵活运用经验，一边试错一边进行创造，尽量发现解决问题的途径。

比如说，学生使用刚刚学到的公式解答从未碰到过的高难度计算题；职场人士为了将产品的魅力更有效地表现出来，吸取上次工作中的教训，想出新的推广方案，等等。

对于认真的学生以及普通的职场人士来说，这样的过程是日常中会做的事情，看似没什么新鲜可言。但实际上，这些都是培养自身"创造力"基石的很重要的过程。

发现了 iPS 细胞、获得诺贝尔生理学或医学奖的山中伸弥教授在对高中生发表演讲的时候说："为了一次成功，如果之前没有遇到九次失败的话，幸运是不会到来的。大家都还年轻，希望能勇敢面对众多失败！"失败及错误尝试才是取得飞跃式发明和进步的前提条件，这是许多成功者的共识。

先离开课题，"酝酿"想法

在下一个阶段的"酝酿阶段"，是将在不断试错中获得的经验进行整理，酝酿成将来的"创造"的过程。

对课题进行了一定时间的持续思考之后，应刻意离开课题，让头脑休息并想些其他的事，让心情平静下来。当再度振作起来时，意料不到的发现便会近在眼前。

通过刻意做一些与手上正在做的课题、工作完全无关的事情，可能"灵光"就会从不同的角度浮现出来。跳出平常思考事物的条框是很重要的。

比如说，营业人员离开工作岗位不经意地去商店买东西、去饭店吃饭，与平常不同的是自己成为顾客，站在接受服务的立场上，就可以从完全不同的角度思考工作时犯下的错误，从而思考出将商品和服务变得更好的方法或是卖不出去的原因等。

在突然的瞬间"灵光一现"

经过以上的过程，第三阶段"明朗阶段"就产生了。请大家回想一下有没有这样的体会，脑中突然浮现出一个很棒的主意时，或多或少会想："我还挺厉害的！"

突然浮现出好主意的时刻，相比于工作的时候，更多出现在上下班途中、走在路上或者一个人看书或报纸的时候，这样的例子不是很多吗？

我曾经在超市里购买日常食物的时候，脑子里突然闪现灵光。商品的包装设计、陈列方法、广告语等自然地映入眼中，这些事物无意间对大脑形成刺激，产生了新的点子。

前面讲过"散步"的事例，我认为同样是产生新点子的方法之一。

从对现状的认知中产生正确的"验证"

最后是"验证阶段"。我们需要确认，浮现出来的新点子对解决问题到底能否起到作用。

如果没有充分讨论在组织给予的资源中和允许的时间范围内是否真的有实现可能、对于哪些人在什么程度上可以带来帮助、在现实条件下应该怎样实现等，那么即使想出独创性的研究、新产品与服务、计划方案，好不容易得到的创造性想法也会因为没有用处而失败。

为了提高"验证"的质量，平常有必要了解自己的能力、所属组织的环境、与他人之间的竞争状况。如果自己思考得到的想法能够与现实之间的距离进行弥合，那么对最后创造出新的计划项目、提高工作质量来说极其重要。

以上，通过介绍创造性思考的 4 个阶段，可见每个阶段对于解决各种问题、产生新的东西来说都是重要阶段。

我还有另一个方法，就是对文具之一的便笺纸善加利用，通过时间管理的标准化提高创造力。

这并不是什么难事。首先准备多种颜色的便笺纸，做成纵横轴的简单表格。纵轴是一天的时间，横轴写上自己以及同伴的名字。沿着纵轴（时间单位轴）将自己以及同伴的行动（学习、工作、私事等）记入不同颜色的便签并贴起来。

在表格上看看各自的全部行动，就会发现许多事情。"存在平常也可利用的时间""休息日也在工作，没有时间和家人在一起"等状况就得以把握。

因为便笺纸可以随意贴上或者揭下，就可以想办法重新安排一天之内的许多行动（吃饭、工作、休息、出门等）的顺序，从而找到更有效率地使用时间的方法。希望诸位读者也可想办法在一天之中安排好时间以产生"创造性"。

19. 具备燃烧不尽的创造力

即使自己想出来的点子得到了采纳，可能一年之后就会被新事物取代，迅速变得陈旧，这是现代产业社会常见的事。为了能经常想出新的点子，必须令"创造力"具有持久性。

为了拥有持续长久的创造力，究竟应该怎么做？

我从日本的大学毕业以后，为了得到硕士学位而即刻前往纽约学习，其后又前往牛津学习并取得博士学位，前后总共花费了将近 7 年时间。

在海外的一流大学中，有很多中断自己的职业生涯、付出高额学费、从世界各地前来就读的精英。进入他们当中最为年轻的团体，与他们切磋交流、进行合作，共同度过学习生活，对刚刚走出日本大学的我来说是无可替代的宝贵财富。

通过牛津大学小课堂的经历、与各种背景的同期生进行跨国交流，我终于掌握了创造力并能够将之持续下去。

①不要被常识和固定概念束缚

在本书第 70 页也曾提到，为了让新鲜且有用的事物诞生于世，不被常识和传统束缚的想象力是极为重要的，这无需多言。常识和传统深深扎根于我们自身所处的社会与文化以及所属组织的土壤中，无意中制约了人的思考方式及行为模式，是阻碍"创造力"持久产生的最大屏障。

因此，平时应该多多创造机会，去看看外面的世界。如果是学生，尽早拥有到国外旅行的经验，如果经济和时间允许的话，试着在国外生活也是很好的。

我认为越早得到国外经历，越能获得更多见闻。如果是社会人士，可以与不同业界的人进行积极的交流、交朋友，或者利用假期旅行，这样就有机会见识与平常完全不同的社会。

②对于世间动向保持敏感

人们常会提出"Who"（谁）"What"（什么）的问题，以"How"（怎样）的方法进行应对。如此把握时代的脉搏，对于培养适应时势的创造性很有用。

因为工作关系，我必须花费很多时间来阅读研究性书籍和论文，以便在我的专业即教育领域内拥有一些知识，但也会注意避免成为在专业领域外什么都不懂的"笨蛋"。

为此，我每天都阅读两份大报社的社刊并加以比较。另外，也会阅读互联网上的新闻、国外媒体的信息等，尽可能多地接触不同的信息资源。

要产生优秀的点子，既需要对大众动向和社会整体的动向保持敏感，又要经常关心这些事情，我想这是互为表里的。

③要清晰地向周围表明自己想做的事情

日本有句俗语，"只有爱好才会熟练。"对感兴趣的事，会埋头其中，忘记时间。找到自己真正愿意做的事，规划 1 年后、3 年后、10 年后的具体愿景。并且，将其公开告知家人和朋友也是很重要的。自己想做的事能够得到周围人的认同，就能得到帮助，从而产生持久力。

④珍惜自己的时间，注意健康管理

本书已经反复说过，要珍惜自己的时间。要将过去积累起来的思考运用到实际中，或者从不同于往常的视点来寻找解决方案、产生新点子，都需要拥有独处时的平静。

日常的健康管理与创造性的持续相关联。年纪越大，在组织中的职责越重，就越忙碌，继而对自己的健康状态就不太关心了。

早睡早起、按时进三餐、保持身体清洁、适度运动，这些都是很久以来就听到的健康管理法，对其不能怠慢。我在维持健康方面，比较注意"头冷足热"（头部保持清凉、足部保持温暖）。在疲劳积累到一定程度时，会果断休假，慢慢静养。

⑤给予自己称赞、奖赏

追求的目标越高，越需要花费时间。想将其化为现实，就需要可持续的创造力。对于需要耗费心力才能得到结果的项目和研究，要在中途设置多个"关卡"。然后，在到达各"关卡"的时候，请对自己进行奖赏。奖赏可以是旅行、享受兴趣活动、购物等，在使自己感到愉悦的同时，得到向下一次创造进发的动力。

但是，在充分享受奖赏之后，还要认真为下一个目标制定时间表。这是为了不满足于奖赏，不在中途便将干劲"燃尽"。

以上的阐述都是基于我个人的经验。我在纽约留学时还算年轻，经常在曼哈顿的咖啡店内热情憧憬着将来的梦想。

我还将自己在未来各年龄段应达到的目标写在纸上，贴在房间的墙壁上，时时将目标朗声读出来鼓舞自己。现在想来这样的行为是有效果的。可能让人有点吃惊，我到了这把岁数，还经常一个人悄悄地将自己的目标写在笔记本上，暗自念诵。

总　结

◎ 与其成为顺从的秀才，不如成为拥有批判力的凡人。

◎ 行不通的话，就改变做事方式。

◎ 为了让思考活跃，可以在散步时进行思考。

◎ 制定可以达成的小目标，以及尽可能具体的达成日期。

◎ 以 4 个阶段将创造性思考标准化。

◎ 无论多么小的事情也可进行表扬。

◎ 注意管理自己的时间和健康状况。

第四章

以团队合作取得胜利的
"战斗力"

20. 日本人必然欠缺的"战斗力"

一听到战斗力，现在的日本人就会对其抱有不好的印象。

日本人从小时候起，就被教育不要太显眼、搅乱和睦、对别人当面进行反驳，在如此环境中成长起来，就算现在突然要求其与对方激烈争论，把自己所想的事清楚表达出来，也是难以做到的。

但是，日本想要在国际社会上生存下去，一味追随别人的意见终究是没有未来的。

因此，本章将阐述日本人欠缺的战斗力到底是怎样的，以及如何习得这种战斗力。

不要只是"察言观色"，而要讲话

世界上很多人对日本人的印象，往往是"不明确表达自己的意见""Yes还是No不清楚说出来"。这种特性可以解释为日本人的国民性。

我在纽约大学攻读硕士课程时，学到了"跨文化交际（IC）"这门学问。我曾在纽约求学近3年，在不同人种和语言混杂、被称为"人种大熔炉"的纽约街头感受交织的各种对话，这就可称为跨文化交际。

交流不只是语言上的对话。进行对话的人身边的环境（比如场所、时间、状况、人际关系、时机，等等）也会发挥强烈的作用。这个周边环境在跨文化交际中被称为"Context"（语境），按照我个人的理解，觉得"气氛"的意思与之更加相符。

很少有与日本人的沟通特点相似的国家。因此，不要期望国际社会"察言观色"，而要注意将"气氛讲出来"，重要的是将自己的意志充分表达出来。

使用"战略"与"战术"

无论是作为漫长人生中的个体，还是一个组织，或多或少都会面临必须与竞争对手进行对决的情况。例如企业开展新的业务、考试、求职活动，还有相亲等热点话题，无论我们本身的意愿如何，都必须参与到很多竞争中去。

面对竞争时，要思考某种对策并付诸行动，也就是说，"战略"与"战术"是不可或缺的。

"战略"与"战术"在平常使用的时候并不怎么加以区别。依据许多信息整理得到的战略，意味着庞大的计划和广阔的视野，以"企业战略""经营战略"等形式被使用。另一方面，"战术"就是在实施并达成计划和项目（即"战略"）时，需要使用的"手段"与"方法"。

虽然称谓上有所不同，但与一般企业一样，近年来全世界的大学也都需要这种"战略"与"战术"。牛津大学也非例外，需要与世界上其他顶尖大学反复进行激烈的竞争。以成为世界第一的大学为目标的

"战略"，为实现目标而实施的各种"战术"，例如为了快速做出决策而实施的内部组织改革，学院的设立、统合及废除，校舍的现代化改造，以招募学生为目的的奖学金扩充，导入招募制度，等等，都在予以实施。

在当时，即使是牛津大学也必须实施长期战略，努力招募世界上优秀的学者和学生。虽然对评价指标的认识不能一概而论，但可以比较一下在日本作为顶尖大学的东京大学，它在世界大学排行榜上是远远落后于牛津大学的。虽然东京大学也采取了秋季入学、开设用英语交流的学院和项目等措施，以求不错过国际化的浪潮，但现在看来，其变革的速度绝对不算迅速。

本章将解说何为战斗力的精华，即团队的战斗方法、把握状况做出合适判断的能力、产生对立状况时沟通意见的方法、准备的方法和有效率的撤退方法、相关培养方法等。

21. 综合经验与知识，作出合适的判断

"英国人是边前进边思考，法国人是思考之后前进，而西班牙人是向前奔跑之后再思考。"

以上的这条知名谚语表现出不同国家的国民性格、思考及行动模式。虽然没说到其他国家，不过通常美国被认为是"一边奔跑一边思考"的国家吧。

所谓战斗力，可以说是为采取行动（或者在行动前后）作出的判断或决断。首先决断是否斗争，要斗争的话，与谁、什么时间、在哪里、用什么武器斗争，都需要一一做出判断。

"判断"与"决断"的界限

我在牛津大学学习并养成的技能之一，就是"判断与决断的平衡感"。

简单来说，所谓判断力就是充分收集需要的信息，从客观视角出发加以分析，选择前进方向的能力。如果没有收集充分的信息材料，就不能做出判断，因为就算把判断的人替换掉，也能得出同样的结论。

反过来，无论收集多少信息，不安感都很难消除，或者信息搜集得过多，反而增加了复杂性，在这种情况下，就必须进行"决断"。

比如说，孩子、学生、部下犯错后，思考以什么样的语言指出错误，这就是"判断"，而类似"是不是应该和这个人结婚""是继续做现在的工作，还是换工作"的人生重大选择，就接近于"决断"。

构成"判断"与"决断"之间界线的是信息与心理状况的平衡。"判断"依靠的是如何有效收集日积月累的各种信息，以及如何分析和选择的技能。

另一方面，"决断"根据自身的价值观与信念等，以人在心中做出的选择为重心。根据情况不同，需要区别使用"判断"与"决断"，一旦弄错会造成令人悔恨的结果。

什么是合适的判断力

无论从事研究还是商务工作，都需要一种判断力，使其能够在日常生活的层面辨别出妥当的回答。首先让我们来看一看判断力。

判断力可定义为正确认知事物并加以评价的能力。

判断力是做出合适判断的能力，还可以进一步按照以下 3 个方面划分：

◎ 把握自身所处状况的能力

◎ 抓住判断时机的能力

◎ 将自己的判断正当化的能力

那么，如何才能学会兼具这3种能力的判断力？或者怎样教育出这种能力？

将构成"判断力"的两种能力进行统一

前面已说明，将"判断"与"决断"区别开来是有必要的，而在做出某种"判断"的时候，也必须区别所需能力。人在做出判断或决断之前经历的过程，可分为以下两个部分：

①基于经验的判断力：在积累实际经验和体验的基础上作出判断

人在必须做出某种判断的场合，首先会回想过去有无同样的经验可供借鉴。如果有类似经验，那么回想之前判断的结果，好的话就做同样处理，如果不好，就思考原因，避免坏结果再次出现。

对于"这个人究竟是怎样的人物？"之类难以解答的问题，基于经验的判断力可以发挥作用。要具备这种能力，与专业性和职业等并没有关系，尽可能多地接触各种各样的人才是最重要的。

基于经验的判断力在"抓住判断时机"方面尤其能够发挥作用。比如说，要判断是否和某个人继续维持人际关系，在估量时机的时候，无论拥有多少科学知识或信息也难以判断。这个时候就要试着相信自己基于经验得到的"直觉"和"智慧"。

②基于知识的判断力：基于知识和信息来判断对错

在只依靠基于经验的判断力无法应对的情况下，就需要学习知识和理论，直面问题以求得合适的解答或解决方案，也就是说需要有知性判断力。

例如面对考试，通过学习大量知识、锻炼运用知识的能力，就能够冷静地直面问题、进行应对。职场人士通过灵活运用经营学等知识，有助于增加企业利润、减少风险。

以知识为基础的判断力，对于客观检验自身的判断并将之合理化来说非常重要。很难判断自己领导实施的项目能否成功，这样的情况也会存在。如果感觉自己的判断和主张会得到相反的结果，就要通过学术知识和有说服力的数据，判断出"这样做才是正确的"，从而将其合理化。

合适的判断力，是将经验、体验与知识、思考结合起来，取得平衡，决定方向。在职场中，上司认为自己"宝刀不老"而做出不适应新时代需求的决策，就是太偏向基于经验的判断的结果。而像我这样的研究学者，容易做出不符合现实状况、"纸上谈兵"式的判断，反而更需要基于经验做出判断。

失败的经验成为未来判断力的基础

如果总是对部下说"不能那样做""必须这样做"，将自己的思考过多地灌输给部下，就会剥夺他们获取新的经验、以己之力进行思考的机会。

对于期望其今后成长的人，要允许他们经历一定程度的失败，最终让他们学会发现和判断错误。这将成为他们未来做出正确判断的基础，也能够使他们理解别人的立场。为了提升在学校教育或是职场中的判断力，有必要适当体验一定程度的失败。

牛津人的特征是不怕失败以及具备前进所需的战斗性判断力，而且在平常的言行中就很在意这一能力。

第一，对信息保持敏感。将注意到的事、想到的事立即记录下来，手边总是准备着笔记本和笔。

我每天早上都会花 20~30 分钟时间通览一遍报纸新闻，这个时候一定会将装有小笔记本、蓝色笔、便笺的小袋子放在旁边，随时进行记录和检查。如果留待以后再做记录，就会一时忘掉、不再挂心，因此关键是一旦想到，就要在一分钟以内记录下来。

第二，定期整理记录下来的知识和信息。随着信息社会的日益发展，每天都能接触到无限膨胀的知识和话题。当信息积累到一定程度，就需要按照主题分别归类。

这并不是难事，只要将收集到的信息（剪下的报纸或者笔记）进行区分并放进纸袋，在表皮记下主题就可以了。然后在书架上按照时间顺序排列放置。这样一来，对于"自己在某个时期某个地方为何对这个主题抱有兴趣"就一目了然了。

第三，舍弃变得陈旧的信息，更新为新信息。舍弃信息的时机，是在需要该信息的计划、项目或者论文已经完成时。

22. 取得对手认同，贯彻个人想法的能力

组织内部发生对立冲突的情节经常出现在电视剧中，从而取得高收视率。教授会议内部的对立，上司与下属的对立，个人与组织的对立……在所有社会生活中，对立都是不可避免的。但是，换个视角来看，对立也是产生"革新"的机会。

"冲突管理"

西方社会很早就出现了一门专业学科叫"冲突管理"，将冲突作为研究对象。所谓冲突管理，是针对政治、经济、军事、教育等一切社会活动中产生的个人与个人或个人与组织之间，以及组织内部的"对立"，研究其本质、发生过程并提出解决方案的学问。

心理学家托马斯和吉尔曼将人们在对立时采取的态度分为以下5种模式：

◎ 竞争模式 = 通过牺牲对方（说服对方）使自己的利益得以优先，从而解决冲突

◎ 接纳模式 = 降低自己的要求，增加对方的要求，从而解决冲突

◎ 回避模式 = 避免当场解决问题，回避对立本身，从而解决冲突

◎ 协调模式 = 互相尊重各自立场，携手解决冲突

◎ 妥协模式 = 互相妥协，部分接纳，从而解决冲突

在进行企业收购的谈判时，如果说欧美的知名谈判专家采用印象强硬的"竞争模式"，那么日本企业一般会采取尽可能回避对立的"协调模式"。

这 5 种模式哪个合适当然不能一概而论，应根据情况采取不同模式。换句话说，根据情况区分使用方法才是重要的。

相比停止的状态，更需要适度的"对立"

近年的冲突管理学研究得出的调查结果称，"关系保持良好、协调性好的集团会陷入停滞"，"根据情况，需要有效地引起冲突"。这显示出，冲突可以被战略性地灵活利用，从而推动组织改革。

牛津大学的授课不重讲义，在讲课过程中必定要让学生之间进行一定程度的讨论。讨论本身就是在学生之间引起适度的冲突，大体来说能够发挥以下作用：

◎ 制造出任何人都能够坦率讲出真话的氛围

◎ 更好地认识自己与对手的性格，构建良好的人际关系

◎ 深化讨论的同时快速做出决定

◎　通过意见冲突，发现新的观点和想法

正是因为有这么多好处，进行讨论的人才有更多机会获得更多成果。

讨厌"对立"的日本人需要的战斗力

在重视"和"的日本，认为"对立＝恶"而加以回避的倾向很严重。在学校或企业中，能有效利用冲突的情况很少见。当然，重视协调性的态度应该得到正面评价，但在全球化竞争激烈的时代，只这样做不一定是好事。

可以让对手信服、将自己的想法贯彻到底的人才，必须具备怎样的素质？我想根据刚才讲述的 5 种冲突模式进行说明。

①竞争模式：具有压倒性优势

首先，要具有压倒性的优势，使你与对手之间难以产生对立的情况。

我从牛津商学院的朋友那里听到一个很有名的商业案例。日本万字公司的酱油品牌在世界酱油市场上占据大幅份额，其他公司根本无法企及。

作为日本独有的酱油制造商，万字公司之所以发展成为国际性企业，并非只是销售酱油，还以介绍许多酱油料理的销售策略，在美国重新介绍并定义了日本的饮食文化。甚至可以说，这就是当今席卷美国的"Cool Japan"（酷日本）风潮的先驱，是文化战略的一环。

Teriyaki① 这个单词现在已经正式记载在英文词典中。说句闲话，"KIKKOMAN"（万字公司）的发音和北欧人名"Kikkonen"有些近似，这对提升形象也有好处。

正是因为持有压倒其他公司的品牌力量，万字公司才预先创造出了"无法产生对立"的情况，这也是可以借鉴的一个手段。

②接纳模式：采纳对手的部分意见

我在前往牛津大学学习之前，先在纽约大学留学，所以我接受的研究、教育模式是美国式的。正因为如此，我注意到英国和美国的大学进行意见论争的方法存在很大的不同。

美国的方式可以说是前文的"竞争模式"，将尖锐的意见抛给对手被认为是优秀的证明，发言者好似互相竞争一般展开议论。而与之相对，在英国，不会就一个议题进行激烈的意见交锋，而是发现众人意见中有趣的地方，进行部分采纳以使讨论更有活力。这就与"接纳模式"相近。

③回避模式：避免直接谈论问题，提出自己的意见

请先想象有这样一个课题。一对新婚夫妇为了购买新房而前往地产公司。夫妇希望的是朝南的房子（南面接道路），而地产商想卖的是朝东的房子（东面接道路）。应该怎样说服他们才好？

---

① 日文意为"照烧"。——译者注

如果对方固执于朝南，可能就不买了。所以优秀的销售人员可能会这么说——"朝南的房子固然很好，但如果朝南的话，到了夏季会非常炎热，很耗电费"，像这样先接受对方的意见，再陈述自己的意见。接着说，"向东面打开窗户的话（东接道路），早晨的阳光可以射入，一大清早就会舒服地感觉到这是美好的一天"，或者"向东看可以看到东京天空树，简直就像住在东京那样的都市"，像这样避免直接谈论问题，提出新的方案。

④协调·妥协模式：要强调目的是一致的

我的家庭也并非例外，夫妇间发生冲突的主要原因之一就是孩子们的教育问题。夫妻的看法各不相同，所以最重要的是尊重孩子的意愿。为了避免无谓的争吵，不要将目光放在夫妇意见的"分歧"上，而要确认共同的目的、目标并取得协调，从中寻找突破口。

为了尽可能友好地化解对立，应该采取怎样的步骤呢？基本上就是：首先制造互相能够坦率讲出真话的氛围；然后发现共同课题；最后为解决问题互相协调，拿出对策方案，并且要互相评价对策方案。

23. 夕阳下打磨镰刀：准备才是最强的武器

我与参加求职活动的学生们谈话，经常听到他们说"对面试没有自信"。

我的回答一直是相同的。"第一要准备，第二要准备，第三还是要准备。"

日本有句古谚语是"夕阳下打磨镰刀"，教导我们为了明天割稻或割草，要在今天就把镰刀事先打磨好。

求职活动中，在准备面试的时候，要彻底调查该企业的情况，了解这个公司希望招募怎样的人才，正在推进怎样的事业，他们的产品是怎样的，这样在被问到问题的时候，就能够持有自信。无论是发言还是面试，缓解紧张情绪的最有效方法就是进行充足的准备。

富有效果的发言准备

在很多人面前发表讲话，如果有无论如何声音都会打战、讲话不顺畅等烦恼，就应该进行以下准备。

◎ 开头的一句话要事先就决定好

"大家中午好！"或者"我是海川商事的山田太郎"，等等，微笑看着听众，以简单就能说出来的短语大声清楚地说出来。

◎ 以故事来记忆讲话的整体内容

有人在学会发表等场合，会把讲话内容完整写在纸上，按照所写内容进行朗读。这只是照本宣科，听的人也会感到无聊。将讲话内容从头到尾分为大致 5 个段落，逐条地简单写出每个段落要讲的内容，这样做会比较好。

参加海外学会的美国学者，往往不会完全照念原稿，而是手边放一个简单的提示板，时常看一看，然后面向观众熟练地进行讲述。

◎ 不必将准备的内容全部说出

听众并不会将你的发言内容全部记住。只要在规定时间内将最重要的事情传达好，其他的不说明也没关系。

◎ 进行多次练习

可以在几个人面前进行发言练习，接受他们的改进建议，这很重要。另外，有时间的话，将练习用摄像机录下来，检查发言内容，也要注意视线、声调、姿势等。

也就是说，在充分准备后可以获得成功，并以此为契机引发更多良性循环，使得工作越来越顺畅。

发言时的 5 个重点

在以上准备的基础之上，一旦要正式开始发言，有 5 个特别重要的地方，我想简单说明一下。

①有没有在最初就提出结论？

"我今天的演讲所要表达的是……"像这样将发言按照"起承转合"的顺序推进。在最初用 15 秒钟提出结论。

②想表达的要点有没有控制在 3 个以内？

论点太多会让听众混乱。人类对于数字"3"是有安定感的。

③有没有放入作为依据的数字？

不要一味主张"理念"和"主张"，要将数字作为依据放入发言内容。

④有没有使用视觉效果？

将基本图形"○、△、□"等加以利用，就可以让发言产生视觉效果。大体上可以使用 3 种颜色。为了让发言带有个人特色，决定一个"自身颜色"吧。我喜欢绿色，一直将绿色作为基础色来统一各种色彩。

⑤幻灯片的标题是否简短、以名词结尾？

以下两句话，哪句能给人留下更深印象呢？

"企业利润正在达到最大化。"

"正在达到最大化的企业利润。"

报纸、杂志、电视等媒体的标题，很多都是以名词结尾的吧。

周日并不是周末，要将其当作"周初"

说起"周末"，很多人认为就是周六和周日。当被问到"上周末干什么了？"，也就是在询问周六日的事情吧。

周日并不是周末，而是将其看作"周初"，我想有不少这样的牛津人。在日本有所谓"海螺小姐症候群"，有报告说，电视动画片《海螺小姐》在每周日晚上的 6 点半左右开始播出的时候，人们联想到明天是周一，工作就要开始了，情绪就会低落。

我认为，为了能够从周一开始就全力工作，有必要将周日的情绪从"休息"转变为"准备"。

这是我自留学牛津大学时就养成的习惯，对于我来说，周日就是为周一开始的课程进行准备的"准备日"，从周日下午开始，就尽可能地为第二天进行准备。只要这样做了，心情也会转变，周一的早晨将不再感到痛苦。

虽然这么说，也必须进行休息或是做家务，周日想做这些事也是很自然的。

我将周五晚上到周六晚上作为周末，在这个时间参加聚会或看演出。

24. 作出有效的撤退，以获得下次机会

在日本社会中，人们通常将从战斗中"逃跑"视为坏事，将即使辛苦也坚持忍耐下去看作美德。

确实，有明确的目标、可以获得很大成功的话，坚持忍耐是有意义的。但现实当中，即使不逃跑也没什么意义的情况不在少数，不考虑背景情况，只以"忍耐是美德"的思考方式坚持下去也不好。有时候，"有勇气的撤退"也是必要的。

"逃跑"就是"不做对手"

我想诸位读者也有类似的体验，每天接收到的邮件中，可能会包含有损情绪的内容。我也曾收到过一些邮件，对我写的书或论文进行缺乏根据的批判，而且大多情况下是匿名信。

这个时候我总想反驳，但最后决定不以其为对手。像这类邮件，即使将对手说倒了，对方也会换种方式继续做出讨厌的事。

因此干脆逃跑，也就是坚决采取"不做对手"的态度。具体而言就是"不回信""不看该邮件""不去考虑对方"。结果就是，不理睬对

方也不会发生什么问题。经过一段时间后就消散的事情，或许原本就是不必挂怀的。

有效撤退的 3 个重点

中国古代兵法家孙子的思想，即使在西方各国也受到高度评价，特别是在经营学等需要战略的学术领域中得到广泛运用。孙子的战略原则是：十则围之，五则攻之，倍则分之，敌则能战之，少则能逃之，不若则能避之。

如同在战场上"有勇气撤退"是合理的，现实社会中也有"逃跑才重要"的场合。

①对需要聪明逃跑的情况有所准备（BATNA）

在人类社会中，必然有教育、商务、恋爱等不能让步的事情存在。那么，"不能满足的话就没意义"的标准在哪里？基于对此的思考，**BATNA** 思维是富有启发意义的。

BATNA（Best Alternative To a Negotiated Agreement）是经常用于商业谈判的术语，指的是"如果不能满足某项就放弃"的极限条件。

比如说，在离车站较近的书店中，一本小说卖 500 日元。如果要在离家比较近的旧书店购买，高于 500 日元的话就没意义了。

事先确定自身的 BATNA 即"最终底线"，就能够合理判断何时是"放弃时刻"，心中就变得从容，从而减少无意义的延长谈判、积累压力、被他人利用的风险。

在进行商业活动时，经常要谈判。对房地产推销商或者汽车经销商等营业人员来说，谈判技巧直接关系到销售额的高低。在谈判对手提出的选项以外找到最有希望成功的替代方案，就是"BATNA"。在谈判开始之前就准备好 BATNA，是最有效的。

举一个跟业务系统开发订单有关的案例吧。A 公司发出了一份 2.5 亿日元的报价。但是客户在比较了 B 公司和 C 公司的报价以后，要求 A 公司将报价降低到 2 亿日元。这是经常有的事情吧。此时应该怎么处理才好？

如果接受了 2 亿日元的要求，就没什么利润了。但是话说回来，只降价到 2.4 亿日元的话，可能客户就去找别的公司了。这个时候，BATNA 就登场了。

向客户表示希望先以 2.2 亿日元成交，希望其给予在系统更新时期进行调整的余地，提出减少系统工程师的数量等替代方案。但是需要向其补充说明，"本公司开发的类似系统在对品质要求严格的 X、Y、Z 公司也得到采用，几乎没有系统故障的反馈，是一套很强力的系统"。

相对于 BATNA 的术语是 **WATNA**。WATNA（Worst Alternative To a Negotiated Agreement）指的是，对己方来说，无法再进行选择的最坏的意见达成点。不只是商业，这样的谈判技巧也应用于国与国的外交领域，欧美研究得出的分析结果称，亚洲某些国家运用 BATNA 外交的水平很高，而据说日本运用 BATNA 外交的水平很低。

在磨炼与对手谈判的战略的基础上，有必要提前决定 BATNA 与 WATNA。

②"知己知彼，百战不殆"

首先要登场的是孙子名言中极为有名的教诲：知己知彼，百战不殆。如其所言，要想获得胜利，不仅要认真研究对手，也要知晓自身的长处和短处。

很多年前有个案例，英国的大型化妆品公司"博姿"来到日本开设海外分店，但几年之后就宣布关店撤退了。

我在英国居住的时候也经常去"博姿"百货店买东西。"博姿"百货在英国零售业中的营业额排名榜首，销售许多自创产品。其企业形象是简单易懂又广为人知的"Prime but accessible"（高级但便宜），店里氛围虽然高级堂皇，但花 2 英镑就可以买到三明治和可乐套餐。

然而在日本，英国"博姿"的"Prime but accessible"理念却无法被理解。与英国不同，日本的市场划分为面向高阶层和平民阶层的两极，因此该公司的形象战略无法奏效。因此，在日本也有很多人知道的这家百货公司很快就失败了。

"博姿"在英国国内施行的战略，不加改变就不能通用，其失败原因大概在于没有谨遵孙子的教诲吧。

③在撤退之后必须进行分析

在撤退之后，必须检讨躲过了什么，以及没有得到什么。

如果撤退后就感到安心，则是完全浪费了撤退的经验。为什么不得不逃跑，逃跑避免了怎样的恶劣结果？反之，逃跑导致没有得到什么东西？这些都需要进行思考。

　　分析方法之一是"SWOT 分析"。所谓 SWOT，是指组织或个人在达成目标的情况下，将自身所处的外部环境和内部环境分为优势（Strengths）、弱势（Weaknesses）、机会（Opportunities）、威胁（Threats）4 个领域进行分析，做出维持现状或是撤退的战略性判断。

SWOT 分析（东京外国语大学的战略选择案例）

	内部环境	外部环境
积极面	优势 **Strengths** 语言能力强 学费便宜 就业率高	机会 **Opportunities** 校园公开 市民讲座
消极面	弱势 **Weaknesses** 没有理工学科	威胁 **Threats** 其他日本国立大学的发展

　　SWOT 分析不只运用在商业经营领域，最近大学也用其进行战略选择。这里以大学为例进行说明。首先，通过调查分析得到宏观环境的信息（报考学生的意愿、经济发展、就业动态等），调查对微观环境（比如大学的经营）产生了怎样的影响。然后，对于大学到底受到了怎

样的影响，选定 4 个主要因素（SWOT 要因）——"机会"和"威胁"，"优势"和"弱势"。

然后从选定的 SWOT 要因出发，对"机会"与"优势""弱势"进行交叉分析，决定大学应予以执行、克服的内容。另一方面，对"威胁"与"优势""弱势"进行交叉分析，决定大学应予以克服、回避、撤退的内容。

人在遭遇苦难时，会拼命寻找解决办法，或者极力忍耐。但请一定牢记，有时候"逃跑就是胜利"，这是一个很重要的解决方法。

总　结

◎　不要只是察言观色，而要讲话。

◎　锻炼平衡判断与决断的能力。

◎　发生"对立"时，进行区别应对。

◎　定期更新作为判断资料的知识和信息。

◎　准备是战斗力基础中的基础。

◎　决定撤退的条件，通过有效的撤退获得下次机会。

第五章

面对没有正确答案的问题的

"分解力"

25. 通过哲学与假说磨炼"分解力"

从小学到高中的日本学校教育，都是由老师进行讲解、学生记忆、进行考试，记忆力强的人能够得到高分。

确实，在义务教育阶段进行的学习，包括基本的文字读写、计算等，包含许多日常生活中不可或缺的知识，将所教的内容记住，不能说完全没有意义。

但是在大学中，知识记忆型教育随着年级增加而相应减少，到了社会上，考验将特定知识正确记住的情况变得相当少。不如说考验的是面对没教过的、没经历过的事情时的行动方式。并且，对于行动的结果难以用正确、错误进行明确评价。

所谓分解力，就是面对没有正确答案的问题时，应该采取怎样的态度。

说得更明确些，自己设定课题，进行逻辑思考，推导出属于自己的答案，这一过程中的内心准备就是分解力。

看清没有正确答案的问题

许多媒体都在热烈讨论"问题解决能力"的重要性。要得到问题解决能力，前提是看清楚发生的"问题"的本质。

牛津大学教育学院（GES）的讲课内容大半是事例研究。我的专业领域是比较教育学，学生需要事先阅读与设定的共同题目（比如校园欺凌、教育差距等）相关的基础知识，然后从各自关心的国家和社会中发现问题并分析，在考虑出解决方案的基础上参加课堂。这时，教师会做出指示，除了分配给学生的教材和指定文献，不得参考其他资料。

事例研究是为了把握实际在各国学校和家庭中发生的教育问题，如果使用网络搜索，立刻就能知道某种应对方法。也就是说，如果在预习阶段就使用网络的话，在形成自己的想法之前会受到别人意见的影响，失去自己设定问题、解决问题的练习机会。

相比"技巧"更重视"哲理"

牛津大学的 GES 博士课程在学生们入学第一年的"实习学生"阶段，就将作为教育研究者如何发现问题、看透问题本质的能力彻底贯入骨髓。

不只在教育学领域，在写学位论文的时候，牛津大学中有两个关键词好似日常用语一样普遍。这就是"拥有哲学"和"建立假设"。

在西方国家的大学中，有许多根据事例研究、在实际发生的案例基础上预测问题和思考解决方案的课程。牛津大学在进行事例研究的时候，不会过分拘泥于事例分析，而会教育学生"拥有自己的哲学"。

对商务人士来说也是同样的，不仅是为了"追求经济利益"而反复进行案例学习，还要始终牢记"让客户满意"的哲学。

建立假设

还有一条是建立假设。

"假设"（Hypothesis）指的是无关正确、不正确，为了说明某种现象和课题而暂时设定的属于自己的说法。

学生要解决某个教育问题的时候，需要思考自己的暂时解决方案，与其漫无目的地考虑，不如设定假设来进行思考，这样分析和调查的效率就会提高，能学到分析能力。

可以说能够看清问题、有能力解决的人，就是善于建立假设的人。

相反地，不能对问题解决的过程建立假设的话，就无法靠自我思考，只能参考别人的意见了。

假设的建立方法，首先是面对问题，自己思考其原因，并对解决方案提出暂定的意见和结论（这就是假设）。其次，为了证明假设，要将主张搞清楚，收集相关的信息。解释搜集到的信息，以此支持自己的主张。

"分解力"的基本过程

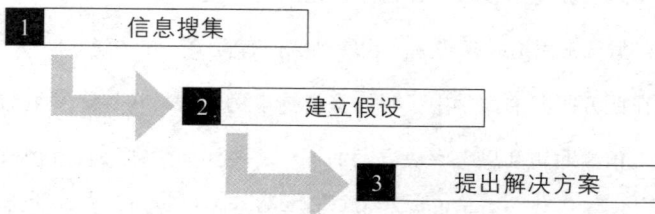

1　信息搜集

2　建立假设

3　提出解决方案

验证假说之后就进入最后阶段，这时可能会发生最初建立的假设无论如何都得不到证实的情况。此时不要将整个过程从头再做一遍，而是反过来从结论出发推导出假设。重要的是根据假设的设定过程进行思考。

无论假设多么重要，如果只是胡乱进行思考、设定，反而会降低效率。要想建立良好假设，有以下 3 个诀窍：

①设想崭新、特别的事物（大家不会关注谁都能想到的东西）

②立刻略过近在眼前的资料和数据，首先要自己进行思考（否则假设只能在特定的数据范围内适用）

③导出实用的解决方案（不实用就没有意义）

在牛津大学攻读博士课程的研究生，从入学第二年开始就允许参加升级考试，通过后即可执笔写论文。从这个时候开始，要从头思考世界上的教育课题，建立自己的假设并引导出答案。

问题解决要有优先顺序

在试图解决问题的时候，牛津人经常使用的口头禅除了"建立假设"，还有一个是"决定优先顺序"。

世上总会有许多需要解决的问题同时发生的情况。平常就反复练习"决定优先顺序"，对于逻辑思考能力、时间管理能力、沟通能力来说都是很好的锻炼。

对于 GES 的实习学生来说，"研究方法论"是必修课程。约 15 名同期生共同参加称为"研讨课"的课程，每个月都是这些人在一起学习。在散发着古老木板气息、令人心情平静的教室中，没有桌子，我们坐在扶手带写字板的椅子上，围在教师四周，形成一个半圆。

在英国、美国、印度、中国等各个国籍的学生当中，我是唯一一个来自日本的。研讨课上，首先是教师对教育学研究所需的各种方法论和规则进行解说，随后由每位学生进行发言。

从德国有名的一流大学毕业，担任教师数年后进行 GES 学习的托马斯，由于原先是理科学生，因此他的思考方法明显带有理科特征。在学生的个人发言结束之后，设置有 10 分钟左右的问答时间，在向托马斯提问的时候，同学之间总有一种共通的期待扩散开来。

"请针对刚才发表的这些课题与解决方案，决定优先顺序。"

他的思考方式并不是提出特定主题中的课题和解决方案就完事，而是将重点放在决定其优先顺序后进行说明。

在同时发生多个问题的时候，从哪一个开始解决？要紧的课题是什么？不要紧的是什么？按照顺序去解决是至关重要的。

设定问题解决的优先顺序的矩阵图

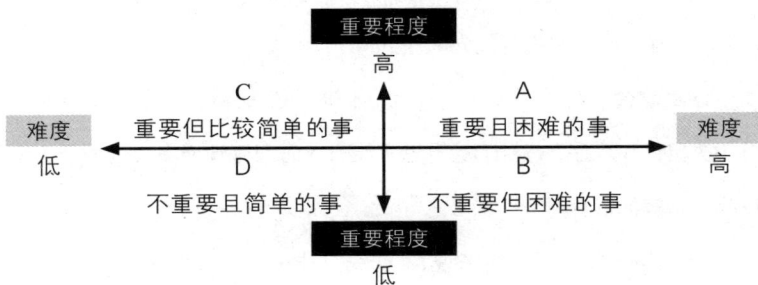

	重要程度 高	
C 重要但比较简单的事		A 重要且困难的事
难度 低		难度 高
D 不重要且简单的事		B 不重要但困难的事
	重要程度 低	

在此介绍一下怎样确定问题解决的优先顺序。

首先画出由纵横两条轴线构成的图。比如说，纵轴是"重要程度"，横轴是"难度"，就像上图那样。

请问大家会从 ABCD 中的哪个开始解决问题？

我认为应该先从重要程度高、难度低的 C 开始解决。接下来是 A，然后是 D，最后攻克难度高但是重要度低的 B。

很多人因为日常有很多工作，慢慢就把看透问题本质的事情放一边了，优先顺序也无法决定，只是胡乱地处理工作。对于持有此习惯的人，请努力养成以下习惯：

◎　首先要考虑属于自己的解决方案（假设）

◎　确定时间，自己决定要在何时将问题处理完

◎　从重要但是难度较低的事情开始做起

◎　不要在工作中时常夹带私人感情

◎　不能一个人完成工作的话，依靠团队思考对策

◎　不要以完美为目标

◎　为了不忘记工作方法，需要将其系统化（做成流程）

26. 首先确定问题是否在于自身

在牛津大学的学院和街道上，到处都有教堂。其中特别引人注目的是位于大学中心位置的圣母玛利亚大学教堂。这座 13 世纪建成的教堂高 62 米，登上尖塔可将整个牛津一览无余。

我有时间的话会经常前往教堂。与日本的教堂不同，在英国即使不是信徒也可以自由出入教堂，参加礼拜和弥撒、唱诗班等活动。

有时候，我会在圣母玛利亚大学教堂的公示板上看见写有这样的圣言：

"你自己眼中有梁木，怎能对你弟兄说：'容我去掉你眼中的刺'呢？"

这是《新约圣经》马太福音第 7 章第 4 节中所写圣言。其含义是告诫人们"不要只是自己高高在上，一味责怪他人的缺点和错误。"以及"不要在还没有详细了解情况的时候，便先行予以制裁。"

"不确定性回避"

从家人、同事、友人这样的人际关系，到组织、社会乃至国家之间的关系，只要是有人聚集的地方，就一定会经常发生某些问题。

在交流沟通的理论中，有一种说法叫**"不确定性回避"**，指的是人们面对不确定的东西或状况（不确定性）时产生的受威胁感或不安感。由于国家或文化的不同，这种感觉也有强有弱。

在某个人的身边发生了某种问题（不确定的事情），如果这件事与自己直接相关的话，人们往往不会从自己身上找原因，而是在周边环境中寻找。

反之，如果自己不是当事人，就不会问周围环境如何，而是倾向于在发生问题的人身上寻找原因。这一情况被称为**"归属理论"**。

一个人生病的时候，不会认为是自己的健康管理出了问题，而是想"因为昨天天气冷""这个国家的空气糟糕"，但如果是别人生病了，就会认为是他疏忽了健康管理。

跨文化交际学者霍夫斯泰德创建了以"不确定性回避"为首，包括"个人主义与集体主义""权力差距""男女性别认同""长期期望与短期期望""宽容与束缚"等在内的各项指标，对国际文化实施比较调查。

调查结果显示，日本在不确定性回避方面较强，被列为集体主义倾向特别强的国家。

所以，在发生问题的时候，不要怪罪于他人和周边环境，首先要好好确认原因是不是在自己身上。

"思维模式"的陷阱

心理学表明，人在经历某种新体验时，会根据过去的经验进行理解，对未来做出预测，这是一种认知习惯，被称为**思维模式**（Schema）。

　　过去的经历受到每个人成长的国家、文化、地域以及家庭环境等各种因素的影响，因此一般认为，这也是处于不同文化之中的人在交流时会产生误解的原因。

　　请设想一下，有一个在日本出生并长大，去海外留学或赴任，并在英国生活的人。这个日本人对英国人说了下面这样的话：

　　"下雨的日子我忘带伞就出门了，结果生病了。"

　　如果是日本人之间的谈话，立刻就会想这是因为说话者"被雨淋湿，所以生病了"。那么，大家觉得英国人听到此话时是同样的想法吗？

　　英国与欧洲大陆的各国相比，总被认为是天气、气候最为"恶劣"的国家。特别是从深秋时节到冬季结束这段时间，基本看不到太阳，每天不是下雨就是阴云密布。我最初在牛津大学生活的时候，也对英国的天气感到非常烦恼。特别是冬天的日照时间短，刚到下午 3 点左右就落日了。看天气预报也曾看到过同一天内晴、雨、多云、雪 4 个标志一起出现的情形。

　　即使是晴天，也经常会突然就开始下雨，所以很多英国人即使下雨也不撑伞。特别是很多年轻人都不撑伞，靠帽子和外套挡雨。如此看来，英国人很难立马将日本人所说的"下雨天忘带伞"与"生病"这两件事联系起来。

　　因此，我们必须认识到，从孕育我们的文化中所得的经验以及养成的习惯，无意识间就会反映在我们对事物的看法和思考方法上。而对方也持有他的思维模式，互相理解是重要的。

暧昧的表达与指示是混乱之源

"请尽快把事情做完。"

"再多点平滑的感觉就好了。"

"拿出诚意来应对……"

以上 3 句指示存在共通点，就是表达得都很暧昧，很难让人明白具体应该怎样行动。

"把冰啤酒倒进陶质杯子里。那是我很喜欢的。"

这句话中的"那"是指什么？

是"冰啤酒"，还是"陶质杯子"？又或者是"倒入陶质杯子的啤酒"？由此产生了 3 种可能的解释。不过因为"陶质杯子"与"那"更靠近，似乎更容易选它作为答案。

像这样多使用"这个""那个"的对话，会导致无法准确传达说话者的意图。

特别是善于讲话的上司，要注意下指示的时候不要使用感觉性的语言。即使是日本人，双方之间这样讲话也会产生混乱，更不要说对方是外国人了。

对部下做出指示的时候不要使用抽象的表达，需要尽可能使用具体的语言。

"尽快"换为"在 3 天后的上午 10 点之前"。

"平滑的感觉"换为"如同丝绢一样的触感"。

"拿出诚意"换为"要用双手递交文件"。

注意像这样采取明确的表达方式。

27. 以归纳法和演绎法看破逻辑的"误导"

养成带着"So what?""Why so?"的意识思考的习惯

本书曾多次作为案例提到牛津大学的小课堂。它好比把电视中经常出现的桑德教授"白热教室"变成了教师和学生之间的一对一传授。

牛津大学的教授在小课堂中经常会说两句类似口头禅的话，即"So what？"和"Why so？"在进行以下问答的时候，会使用这两句口头禅。

"So what？"

从已经掌握的知识和信息中探寻并引导出结论的思考能力。被询问"是因为什么？"时，便以"因为〇〇，所以△△"进行回答（〇〇是知识和信息，△△是得出的结论）。

"Why so？"

对于从"So what?"导出的结论，确认其根据是否充足的思考能力。被询问"真的是那样吗？"时，便以"因为□□，所以真的是☆☆"

进行回答（□□是根据，☆☆是结论）。

请看下面的图，以教师和学生之间的问答为例进行说明吧。

例 1

学生：我们学校橄榄球队昨天的比赛，还有前天的比赛都输了（＝理由）。

教师：那么，因为什么？

学生：我想就是因为那个球队太弱了（＝思考）。

逻辑思考地图

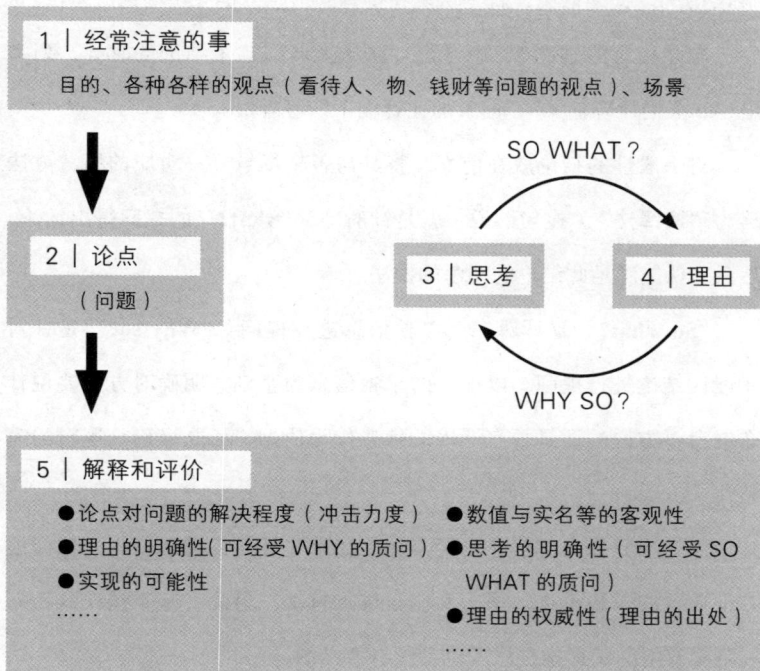

1 | 经常注意的事

目的、各种各样的观点（看待人、物、钱财等问题的视点）、场景

SO WHAT？

2 | 论点

　　（问题）

3 | 思考　　**4 | 理由**

WHY SO？

5 | 解释和评价

- 论点对问题的解决程度（冲击力度）
- 数值与实名等的客观性
- 理由的明确性（可经受 WHY 的质问）
- 思考的明确性（可经受 SO WHAT 的质问）
- 实现的可能性
- 理由的权威性（理由的出处）

……　　……

例 2

学生：我们学校的橄榄球队太弱了（＝思考）。

教师：为什么这么想？

学生：因为昨天的比赛，还有前天的比赛都输了（＝理由）。

例 1 中，列举了多项与论点之间存在关系的事。其中，与之对应的是"昨天的比赛输了""前天的比赛输了"。学生以好几场比赛都输了作为理由，思考并得出"队伍太弱"这个结论。

像这样从多个单独信息出发，引导出一般性结论的思考方法称为**"归纳法"**。换句话说，就是从现在持有的信息中推导出结论的做法。

与之相对的是例 2，思考出"队伍太弱"这个结论的时候，列举出"昨天的比赛输了""前天的比赛输了"等理由。

将一般性的结论放在前面，将其与各个场景一一对应的思考方法称为**"演绎法"**。换句话说，就是针对**"So what?"**的提问得出结论，然后确认能满足此结论的理由的做法。

"So what?"是针对多个单独信息进行提问，**"Why so?"**是针对一般性结论进行提问，以得到的单独信息为基础，明确对方想要说什么或者对方说的话是否有严谨的信息作为依据。如此可确认逻辑的完整性。

需要检验提出的信息是否具体。如果是任何人都想得出、任何地方都通行的一般论据，那么人们很难被打动。另外，基于错误的信息和范围有限的信息推进思考也是没有意义的。

单个的理由和信息有具体性，由此推导出的结论重在具有一般性、通用性。

要检查是否以修饰语掩饰了问题，具体检查是否存在不必要的形容词、副词。如果需要用无意义的修饰语来辅助说明问题，那就等于问题没有解决。

我们总是在无意识间，而且相当含糊地使用上述思考方法。养成明确思考过程、有意识地思考事物的习惯，就能够培养逻辑思考能力，得到拥有强有力的依据支撑、不会简单地崩溃的想法。请不断重复这一思考过程，掌握以后将有助于逻辑思考。

28. 接触没有被污染的新鲜信息

为了发现问题并找到合适的解决办法，过度使用互联网上的信息反而是危险的（具体叙述见第 126 页）。

为了不拘泥于无用的信息，将真实信息找出来以便正确认清问题点、找出解决方案，需要寻找那些不反映信息提供者本人个性和主张的"新鲜"信息，并有能力加以解读。

"新鲜信息"：搜集一级资料并具有解读的能力

无论是什么专业领域，在写学术论文的时候，必然需要参考前人的研究。我在写博士论文之前，也阅读了数不尽的书籍和论文。但是要写出优秀论文，只参考文献或论文是不够的。

尽管各专业领域的划分方法不同，但写论文或报告时使用的资料一般分为以下 3 种：

一级资料：原书或原创的资料（政策、会议记录、统计、调查数据等）；

二级资料：在一级资料的基础上写成的内容（著作、论文等）；

三级资料：一级、二级以外的资料（新闻、手册、书刊等其他印刷物）。

质量好的论文主要使用的是一级资料，运用正确和多角度的分析，引导出独立的见解。

在牛津大学时，我需要为写论文收集第一手资料并进行分析。在牛津车站附近的纳菲尔德学院保存有英国议会从战前至今的会议记录，所以我经常前往查阅。

一般图书馆会用计算机系统管理所藏书籍和论文，便于检索和借阅，但要从这样的图书馆里要找到一级资料、检索资料中与研究相关的内容，就相当花时间了。从早上 9 点开馆时入馆，到将要闭馆时才回去，这也是常有的事。要前往位于伦敦的大英图书馆查阅资料的话，则需要在当地留宿。

坐在没什么人、光线暗淡的书籍保管室的地板上，我养成了调查无数本会议记录并抄写下来带回去分析，反复进行这样的作业来收集并解读"新鲜信息"的习惯。

得到"新鲜信息"的诀窍

现今社会，只要利用互联网，几乎任何信息都可以得到，那么出现下面的情况该如何做？

正在求职的学生，在互联网上无论如何也找不到希望进入的 A 公司的人事招聘负责人的相关信息，如"具体他想招聘什么样的人才？""以前招聘的都是怎样的人？"等涉及企业内部的详细信息。

对于很难从各种各样的媒体上找到的"新鲜信息"，我们怎样才能得到？

①倾听前人的建议

参加求职活动的学生想知道新鲜信息，如果认识有同样经验的前辈，那前辈一定拥有用得上的知识。如果认识无论工作还是生活上都比你富有经验的前辈，一定要时常以谦虚的态度倾听。

年纪较大的前辈说的话，由于是比你大出许多的年龄层具有的思考方式，所以一开始总会怀疑那些话没法多作参考。但是对于日常生活、商业经营的基础和常识，即使经过了几十年内容会有些改变，大部分也是不变的。重要的是身边既然有宝贵的参考案例，不加以利用必然是浪费。

②建立真正能够信赖的朋友关系

身边拥有持"新鲜"且"有用"信息的朋友是很重要的。

我从就读牛津大学开始，有两个一直保持联系、特别亲近的英国朋友。他们是博士课程的同期生，尽管攻读专业和所在学院不一样，但"教育"是我们共通的研究课题，所以三个人经常在一起讨论，一起去酒吧喝啤酒。刚才说起我在牛津大学收集一级资料的事，那时候因为这两位朋友知道相关信息，我才比较快地得到了需要的资料。

值得信赖的朋友当然是一生的至宝。与朋友的信赖关系越深，当朋友遇到困境时就越会设身处地地思考问题，给予很好的建议和信息。

③扩展人脉时要注意一贯性、方向性

不要吝惜日常中为了扩展广泛的人脉所用的时间。应该积极参加可以拓展朋友关系的各种场合（学习会、不同行业的交流会、聚会，等等）。

牛津大学的日本人在毕业之后会加入 OB（校友）网络，定期举办交流会和学习会等，进行活跃的交流活动。

日常总是从属于特定的行业和组织，生活和工作一成不变，视野就会变得狭窄。应从少数同伴之间的狭窄交流中踏出一步，置身于各种各样的人聚集的环境中。与立场和年龄层、价值观都不一样的人碰面、进行交流，建立信赖关系，从中可以得到有意义的信息交换。

29. 不陷入"信息陷阱"的方法

有一件在之前无法想象的事情。在大学的课堂上，我看到有学生上课时使用 iPad 快速进行信息搜索，或者将其作为笔记本在上面进行记录。甚至还有人在上课完毕之后，直接将黑板上的内容拍照保存。

在我上大学的时代，最多也就是在语言课上使用电子词典，这令我痛感时代变化之快。

谁都可以接触到的信息可信度低

因为智能手机和 iPad、电子书等技术越来越发达，人们无论何时何地都能够获得庞大的信息，好像一有不懂的事情，当场就可以调查明白。

但是，相对于书籍、电视、广播等其他媒体来说，互联网上的信息存在消极的一面。出版社或者电视台输出的内容是经过检查的，然而互联网却没有，任何人都可以自由发言。在互联网的论坛和个人博客上，从对喜欢的餐厅的评价到对热点新闻的个人感受，我们可以知晓"普通人"视角的各种朴素感想。

尽管我们在一瞬间便能够得到数量庞大的信息，但得到的信息是鱼龙混杂的。"谁都可以自由发言"，反过来说就是"不能保障其正确性"。利用可以匿名的特点，也有人出于恶意发送有意造假的信息。

不要依靠"冰山一角"进行判断

还有一点，作为单独的个人来说，从多视角出发分析特定问题并输出信息的能力终究是有限的。传递出的信息几乎只是复杂的整体现象的"冰山一角"而已。

即使传递信息者并无恶意，但只强调事物的一部分特征并进行传递，其结果是接收信息者的理解会与事实相违背。我举个例子，请大家思考一下。

问题：持有以下特征的东西是什么？

（1）白色的粉末；

（2）含有有害元素；

（3）加热会变透明；

（4）腐蚀物体；

（5）大量摄取的话，恐怕会导致死亡。

读一遍这个问题，大多数人得出的答案都会是"毒品"吧？总之浮现在脑海中的都是某种非法的东西。

其实答案只是"盐"而已。下面对（1）~（5）的提示进行说明。

（1）常温下是白色固体、呈粉末状的东西是很多的；

（2）NaCl（即氯化钠，由氯元素和钠元素构成。氯元素本身对人体有害）；

（3）加热到约 800℃，会变成无色透明的液体；

（4）可腐蚀金属（生锈）；

（5）过量摄取的话，会导致高血压、脑中风或心脏疾病。

读者有没有一开始就推测是食品呢？假如只给出（1）或（2）、（3）的提示，要推测出食品就更加困难了吧。

上面的例子故意给出了一些难以想象为盐的提示，但（1）~（5）的每一条提示都不存在错误。

为了选择需要的信息

在现代社会，从网上收集信息已经是理所当然的事情，要想收集到可信度高的信息，应该怎么做？

①对于一个事物，从多个信息源收集信息

在网上进行检索的时候，应该从作者不同的多个网站收集信息。关于同一件事情，如果得到了内容完全不同的信息，则应格外注意对此信息的搜集。因为有时候作者的意图和立场会有偏向性。

不只是网络，应尽可能增加电视和报纸等信息源。

我一般都是先从报纸上获得信息，特别是对于重要新闻，至少要比较两份报纸的观点，一并阅读可以信赖的海外媒体的信息，从而进

行判断。

②不要将"默认的理解"作为前提

看到前文的提示（3）所写的"加热会变透明"，恐怕很少人会想到居然要加热到800℃以上才能变成液体吧。其实在提示中，一个字都没有说到温度。很多人在无意识中就陷入了"常识"的框架里。就像提示（3）这样，世间有很多信息利用了"常识"，使人们的理解与真实情况相梓。我们需要自问，在被一个个词吸引的同时，有没有不经意间对于解释方法带入了偏见？

③相比成功，更应从失败中学习

在任何领域，成功者的故事总是富有魅力的参考对象。

人类的记忆原本就是"被创造出来的"，相对于快乐的记忆，苦涩的经历和记忆是我们格外"希望忘却的"，这种无意识的心理作用导致后者确实容易忘却。

但是反过来说，我认为在一个人的记忆中留下深刻印象的失败故事才是富有冲击力、具有信赖性的。

虽然大家都认为从牛津大学毕业的很多人都获得了成功，但实际上并不是所有毕业生都能获得令人艳羡的成功。我与很多毕业生谈过话，听到过他们经历过很多辛苦，至今仍然在不断努力的故事。

有些故事甚至不忍听闻，但从这样的故事当中能够学习到人生经验，这是确凿无疑的。

　　尽管我这么说可能有点不够谨慎，但不可思议的是，相对于听取成功经验，我更容易被有关失败经验的谈话吸引。尽管是不光彩的故事，但不知不觉就会被吸引住，或许是因为讲话者实在善于讲述吧。

　　无论是演奏小提琴还是钢琴，使用的乐谱都是一样的。但是演奏者不同，听众获得的感受也是完全不同的。

　　在信息化进步的现代社会，我们可以在瞬间得到数量庞大的信息。特别是对于互联网上的信息，我们要加以甄别，掌握使用分解能力选择出高正确度信息的技能。

总　结

　　◎　建立假设、坚持哲学，看清没有正确答案的问题。

　　◎　解决问题要有优先顺序。

　　◎　发生问题后，先确认原因是否在自身。

　　◎　对于难以接受的逻辑，用"因为"和"为何"质问到底。

　　◎　养成寻找原始信息的习惯。

　　◎　不要片面地判断事物。

第六章

打破惯例和事先安排的

"冒险力"

30. 与内向的志向完全相反的"冒险力"

近年几乎所有的媒体都报道过"日本人内向的志向"。不希望前往海外留学的学生和不愿意赴任海外的社会人士有增加的倾向，预测这样下去会导致活跃于国际化社会的人才不足，进而给日本的未来带来恶劣影响。

日本人为何是"内向"的

对于日本人不想前往海外的状况，仍然存在各种各样的不同意见，例如留学美国的日本学生人数虽然有年年减少的趋势，但根据信赖度很高的调查及数据显示，前往邻国如中国、韩国的留学生却呈现直线上升的态势。

那么，为什么日本人会变得"内向"？

政府、官方机构、研究学者、民间组织等都对其原因进行了分析，主要原因在于，不利于就业和未来职业发展。由于互联网等通信手段的发达，不用特意前往海外也可轻松搜集信息或相互联络，还有国际形势不稳定、日本国内的服务水平较高等其他原因。

"旅行"是带着痛苦的

现在人们对于"旅行"的印象就是观光和休闲娱乐。

据说英语单词"Travel"（旅行）的语源来自法语的"Travail"。听到"Travail"这个词可能联想到日本一份介绍换工作的杂志的名称，但其原本的含义是"辛劳、辛苦"，也有"劳动、工作、女性的阵痛"等含义。另外，英语的"Trouble"（困难、艰难、麻烦）也是与其同源的单词。

由 Travel 的语源可知，原本古人认为"旅行"和"辛苦""困难"相伴是理所当然的。

换句话说，没有困难和辛苦的"旅行"或"冒险"，是欠缺本质的。

因此请先明确这一点，冒险与旅行中的困难是理所当然的事情。

3 个"间"使冒险活跃

冒险中存在 3 个"间"，即需要"时间""空间""仲间"[①]。

冒险需要先挤出"时间"，思考去哪个"空间"，然后身边有一起行动的"仲间"（伙伴）的话，便无所畏惧了。

也有不是出于自我意志，而因工作需要等"他人要求"进行的"冒险"。我从毕业于牛津大学商学院的朋友那里听到了这样的事情。

那位朋友在出差美国的时候，因访问客户的预约错误，不得不去访问相隔阿巴拉契亚山脉的两家互相竞争的公司。

---

① 日文汉字，中文意思是"伙伴"。——译者注

　　日程预定是前一晚参加 A 公司的聚餐，第二天 8 点半就要访问 B 公司。这位朋友在聚餐的辛劳之后，在深夜花 6~7 个小时翻越阿巴拉契亚山脉，用洗澡那样短的时间在旅馆休息了一下，其后金色太阳刚一露脸，便在饭店里吃了早饭，这段经历他至今记忆犹新。

　　所幸圆满完成了出差任务，这个时候友人就拍着肚子想"总算撑了过去"，反而觉得冒险有趣了。

　　每天过一成不变的生活会导致思想变得守旧，无法涌现出新的想法，无法采取果断的行动。

　　"守旧"可能是与冒险相反的词。因此建议大家实施一些在日常生活中很简单就能做到的"冒险"活动。

　　"冒险"在一定程度上可以说是"试验"。

　　只要改变一下心情，就能够在每天的生活中有新的发现与体验，从而刺激产生学习和商务中所需的思考力与创造力。

31. 进入"积极乡"

牛津大学的文化与被其全面包围的这座城市，都拥有一种独特的氛围。中世纪风格的建筑、身着长袍的教授和学生、宣告时刻的钟声，这些都是远离日本日常生活的景象。

对于几乎毫无准备就飞奔入牛津大学的我来说，在留学开始的前半年，身心都很疲惫。现在想来，是因为不能适应牛津大学的特殊环境吧。

特别是严酷的学业生活、每天都在不断变化的天气、冬天日照时间的短促、英国食物的不合口味，都造成了我的情绪低落。我甚至开始想，"这种状态长时间持续下去就没办法学习了"。

有一天的课间休息时间，我偶然挤入了平常不怎么接触的同班同学的圈子里。这个圈子里不只有英国人，还有西班牙人、葡萄牙人等拉丁文化圈国家的学生，还有发展中国家的学生。

听他们的谈话，比如"昨天报告写不下去，于是喝光一瓶葡萄酒睡觉了！""这个周末开聚会吗？"等都是很轻快的话题。还有从美洲或中东的发展中国家来此求学的学生，说"我的国家教育制度还不发达，我将来要成为祖国的文化部部长对此进行改革！""尽管英国的天气很糟糕，但和我们国家的酷热相比还算是好的”，等等，笑声不断。

我全身都放松了下来——是我之前太沉浸于只有自己不适应牛津大学环境的想法中了。和大家的相处使我的心情平和下来，恢复了过往那种向前看的自信。

找出并进入“积极乡”

在家庭、学校、公司当中，必然存在气氛明朗、思考方式积极的群体。置身于那样的群体，自然会精神爽朗，产生“我也可以努力下去！”的心情。我将这样的集团命名为“积极乡”。“积极乡”具有以下特征：

◎ 保持开放心态，做到来者不拒

◎ 说话声音大一些，并保持微笑

◎ 思考方式积极，对于将来有明确的想象

◎ 具有能量喷发的行动力

◎ 不抱怨别人或说别人的坏话

应该怎么做才能找到这样的集团并融入其中呢？

首先，要多走动并观察周围。只是一个人冥思苦想，枯坐在桌子前是不可能找到“积极乡”的。不只是自己从属的组织，也要试着去参加一些兴趣团体或自治团体的活动。

假定我们发现了"积极乡"，接下来就要考虑怎样才能加入其中、如何表现的问题了。

我在东京外国语大学授课，课堂中留学生和日本学生是一起上课的。教室中使用的语言是英语。与积极发言、对于任何事都保持积极态度的留学生相比，日本学生给人的印象是太老实了。

一开始来上课的日本学生，在最初的几堂课上几乎什么都不能做。但是，因为是和留学生在一起相处，学习他们的讲话方式、发言时机、独特的意见，最终也能够一起行动。

因此，要融入"积极乡"中去，以下几点是重要的：

◎ 先从置身于集体之中开始

不要强行插入到会话当中，先从进入谈话现场开始吧。共享同一个现场，渐渐就会对其熟悉。

◎ 不要将自己与他人进行比较

在集体中一会儿有自信，一会儿又丧失自信，就是因为将自己与他人进行比较。请自然地展现自我。

◎ 找到共同话题

工作的内容、研究课题、兴趣等，从自己擅长的话题入手。

◎ 想定成功与失败的比例为 2：1

对于是否能够成功融入积极的群体，事先想定成功次数与失败次数的比例为 2 ∶ 1。

如果进入了消极的集体

在现实社会中，并不是所有群体都是"积极乡"，也有相反的情况。身处于持有消极思考倾向的组织与集体中，自己的心情也会变得灰暗。

如果不得不进入那种集体，就不要在意别人的做法，保持自信做出努力吧。比如做很多工作、比任何人都更早上班、自己率先做大家都讨厌的工作，等等，这些都有效果。

本章提出了"冒险力"，我想如果一个人进行冒险，很容易会感到害怕、不安，但如果身处于"积极乡"的同伴们中间，则能够得到勇气，一起果敢地行动。如果认为"根本不存在什么积极乡"，那么你自己试着创造一个这样的群体如何？

32. 调整心灵与身体，驱除不安情绪

重要的是拥有"自身效力感"

现在回想起来，决定到牛津大学求学而前往从没去过的英国就是一次冒险。当时我对于自己拥有的知识以及英语能力能否跟得上超一流的牛津大学的课程充满不安。

如果说最终有一股力量让我决意选择前往牛津大学留学，那就是"自身效力感"。

加拿大的心理学家阿尔伯特·班杜拉博士认为，在人的无意识当中，潜藏着能够将困难意识和不安想法去除的方法。班杜拉博士认为，根据下面的 3 种方法可以制造出"自身效力感"。

①进行代理体验

不是指自己的成功体验，而是通过看到或听说他人的成功经历，可以产生"我自己不是也可以成功吗"的想法。

我在留学牛津大学之前，曾请教日本的牛津大学毕业生谈经验，

又看了很多英国电影，心中涌出了自信的感觉。

②接受他人的鼓励以及格言

在决定留学牛津大学的时候，父母的话给了我很大鼓励。

"人生只有一次，做你喜欢的事就好""要做没有很多人去做的事"，妻子也对我说，"即使失败也没什么，总会有转机"，这些话真的给了我很大勇气。

还有前人留下的话语或格言也能发挥作用。比如海伦·凯勒所说的"人生就是选择充满危险的冒险，或者选择一无所获"总会在我的心中回响。至今我在做出某种选择时，这句话仍是我的座右铭。

③使身心发生变化

挑战留学牛津大学这个大目标，想要获得成功绝不容易。因此，首先要从积累小的成功经历做起，以便获得自信。

当时我从美国留学后回国没多久，因为日常饮食的混乱，身体胖了很多。我因此树立目标，要在一定时间内减肥若干公斤，如果成功的话决定"穿上英国制造的窄西装"，之后开始减肥。以下饮食计划连续执行了 3 个月，结果减轻了将近 4 公斤体重。

◎ 1 日 3 餐，按规律进食

◎ 早饭尤其要好好吃，晚上 10 点以后不进食

◎ 进食时细嚼慢咽

◎ 选择低脂肪、高蛋白质的食品

◎ 相比动物性油脂，以植物性油脂为主

◎ 积极食用蔬菜、蘑菇、海藻类食物

◎ 控制盐分、清淡饮食

40 岁以上的人则按照如下规则执行：

◎ 每周至少有两天肝休息日（不饮酒日）

◎ 规定吃甜食的次数，以获得奖励的感觉品尝甜食

为了不变胖，控制因暴饮暴食导致的能量摄取过量是最重要的。

④ "Say（说），Start（开始），Stay（坚持）"

前文说过，不要一下子就挑战庞大的目标，重要的是分阶段积累小的成功经验，树立自己的"成功模式"。

时常将"获得成功的理由"具体写在笔记本上，反复使其模式化，自然就能获得自信，也容易产生干劲。

这些方法可以作为参考，用来提升孩子、学生、部下的"冒险力"。

在牛津大学学习，除了非常厉害的天才和可以完全无视经济条件制约的人以外，对其他人来说毫无疑问是一次人生的"冒险"。

对于牛津人来说，踏足此冒险需要具备以下 3 个"S"：

这就是"Say（说），Start（开始），Stay（坚持）"。

首先将自己想要做的事情，向自己周围的人"Say"（说）出来。自己给自己施压，周围的人也会给予鼓励，由此涌出勇气。

接着立刻"Start"（开始）是关键。如果想到了不立即行动，热情就会减弱。

最后，取得进展后要有"Stay"（坚持）的态度。无论是旅行、换工作、搬家，面对不熟悉的环境总会产生不安和恐惧，想要逃走。其实，每个人都具有在无意识中适应所处环境的力量。不焦虑、不烦躁，直到适应环境，以闲适的心态坚持下去是重要的。

33. 冒险从每天简单的"试验"开始

如果习惯了便利、高效、简单，生活就会模式化，导致思考能力降低，开始新事业的意愿降低，难以采取果断的行动。

我在日常生活中会进行以下简单就能做到的"冒险"，在此介绍几个给大家。

改变上班、上学的模式

到公司上班或者上学时，我们每天都要走同样的路。恐怕大家都会选择往返于距离最短的道路吧。这其实就掉入了守旧的陷阱。为了从这种难以感觉到变化的状态中脱离出来，我们来进行一个实验。

简单的方法就是改变上班、上学的路径。

我在牛津大学留学时，每天早上都从家里走到教室所在的建筑楼。不知怎么就选择了最近的道路。

有一天，我突然产生"今天试着走一下别的路"的心情，就这么做了。然后如何呢？我在那条路上见到了从未见过的漂亮的咖啡店、收藏丰富的杂货店。尽管就在身边很近的距离，我却未曾到过这些地方，想想就很遗憾。其实只要稍微改变一下平常上班、上学的路径，就会有一些细微的发现。

挑战未知的食物

外国存在很多在日本不常见的食物和饮料。英国有名的食物以炸鱼薯条、烤牛排、烤马铃薯为首，还有抹上果酱和黄油的味道朴素的司康饼。我还曾经在苏格兰吃过名为哈吉斯的稀奇料理。

我想日本人并不熟悉"Game meat"是什么，它指的是狩猎得来的鸟兽肉，最近在日本被叫作"gibier"（野味）。鸭子、野鸡、兔子、鹿，等等，自古以来就是作为狩猎民族的西方人的饮食文化中不可或缺的食物。

牛津大学的学生都在大学餐厅中进餐。餐厅有所谓的高桌（High table），这是教授的座席，比学生的座位要高出一段，所以这么称呼。到了相应季节，就会有"Game meat"的菜肴登场。

野鸡和兔肉等佳肴，在日本不是在寻常场合就能吃到的。最初我还相当抗拒，但吃着吃着，野生的肉味在口中满溢开来，就明白其美味所在了。

经常能喝到的啤酒也不只是在日本成为主流的强碳酸熟啤酒，而是碳酸较弱、接近常温的浓啤酒。另外，英国的威士忌种类实在很丰富，我特别喜欢波摩（Bowmore）威士忌与拉加维林（Lagavulin）威士忌。我很喜欢窖藏 12 年的这两种威士忌，也作为礼物送给了上司，他很高兴。

对于未知的食物与饮料，先不管好不好吃，吃过的经验就可以成为今后聊天的素材，请一定多加挑战。

锻炼身体，使五感变得灵敏

持续一成不变的生活会导致运动不足，身体感觉变迟钝。需要注意进行适当运动，休养身体。尝试一下新的体育运动或者兴趣活动吧。

牛津大学有一项称为"Panting"的赛艇活动，经常能看到学生们在流经牛津的河流中奋力练习的场景。3~4人坐在船中，一个人拿着长棒站在细长艇身的尾部，用手拨动船桨令船开动。看着是挺容易的，实际试了一下却感觉很难操纵。

我参加过很多次赛艇活动。最初只是用手进行运动，动作总是不顺畅，随着次数增多，才明白要用腿和腰的力量操纵船舵，动作也渐渐变得熟练起来。

小惊喜：陶冶于"惊讶"的感觉

人的感情常用"喜怒哀乐"这个成语来表达。喜悦、愤怒、哀伤、快乐，这4种感情是从"喜悦"开始的。我认为在"喜悦"当中暗藏着"惊讶"。从含义来说，英语当中的"entertain"感觉最为接近。

人在面对意料之外的事物时会感到惊讶，然后转变为喜悦、害怕之类的感情。即使只是小小的惊讶，也会给人的内心带来喜悦，成为打破守旧的契机。

有一天，我被大学的朋友叫出来，以我完全没料到的形式庆祝了我的生日。我记得当时非常吃惊，接着感到非常高兴。

我从另一个视角看到了一直以来觉得他们"理所当然是那样"的朋友们，原来他们是如此关心我。

但是，要做到让人吃惊其实是很困难的。要考虑到对方的性格，思考怎样才能制造意外使其吃惊。有时候要想让对方吃惊，即使只做一点小事也会有效果。比如：

◎ 即使只是一罐果汁也好，若无其事地送给同事

◎ 将办公室提供的绿茶不经意间换成红茶

◎ 一直以来都是用电子邮件联系，试着写信联系一次

◎ 抢先去做家务活和照顾孩子

到处都可以制造出小小的惊喜。这个时候，重要的是表现出对对方的关心。

这也是发挥创造性的瞬间。因为立即就能感受到对方的反应，所以自己也可以得到快乐。

家人、部下、恋人、朋友，考虑一下怎样让他们获得惊喜吧。

34. 为了人生不后悔，要有"冒险"的心理准备

人是会对未来感到迷茫、行动踌躇的生物。"如果迷失方向、遭受很大失败的话怎么办？"脑中首先会出现这样的想法，导致即使想开始做什么事，也只是停留在想法的阶段。然后时光流逝，又后悔地想"果然那时候去做的话就好了"。想必谁都有过这样的经历吧。

尽管在失败程度上不能一概而论，但我经常劝说学生，与其"不做而后悔"，不如"去做而失败"。升学，留学，恋爱……在研究室中，怀抱着各种想法的学生来与我谈话。最近的年轻人将那些无论什么事都很消极、没有精气神的人戏称为"草食系"。

我们年轻的时候大概也是这样，也只有那个年纪才会这样。对于什么事都没什么反应，等错过了时机只留下"后悔"。所以，即使下定决心去做的事情失败了，至少也能得到有利于将来的"经验"。

这些失败的经验当然会成为未来大冒险的精神食粮，这是不用多言的。

推荐进行想象中的冒险

本章后面将讲述到，我们因为有时间和经济的制约，尽管"想去

冒险"，却很难付诸实际行动。无论何时身处何地，如果能够不受金钱和时间制约而进行冒险，那么你会进行什么冒险呢？只要在你心中进行冒险，即可享受"想象中的冒险"。

比如说，想到英国观光旅行，但缺乏费用也没有时间，不是简单就能实现的事。这时就可以去图书馆，借阅英国历史相关的书、美术辞典与旅行指南等。

在英国，很多地方都存在考古学遗迹和历史建筑物。大家知道英国一处代表性的古代遗迹"巨石阵"吗？

"这种遗迹当时究竟是为了什么目的建造的？""那个时代的人们过着怎样的生活？"在脑海中充分发挥想象力，就可以在繁忙的生活中获得一时的冒险乐趣。

经常意识到未来的"人生大事"

如果被问到人生中的重大事件，大家会联想到什么？高考、就业、结婚、生子、换工作，等等，各种各样的人生转折点就是人生大事。对于年轻人来说，未来可能会经历到的这些事，也类似于冒险吧。

另一方面，已经有一定年纪的人被问到"对你来说人生大事是什么？"，大部分人恐怕都会说是就业、结婚、换工作等过去已经经历过的事情。

人无论到多少岁，未来总会有一些带有冒险要素的事情在等待。我也到了所谓壮年的年纪，仍然想在未来的人生中"做一下这个""那个也要做一下"，想做的事还很多。

参加牛津大学的同学会时，除了谈论现在正在做的工作，经常还会听到"再过几年，我想我会从事○○○的工作"。

"但是"召唤来的消极思考

"我们去散步吧""但是我没这个心情……"

对于别人的意见、提问经常以"但是"作答的人有很多。使用"但是"这个词的人，经常是在对方还在说话的时候，就已经决定好了接下来的说辞，因此很少会正面接受对方的话，也不会产生什么感动。口中说出"但是"的时候，会话整体就向着消极的方向前进了。

首先，重要的是从今天开始不要说太多"但是"。让思考经常保持在积极状态，行动也主动起来，整个人就变得积极了。新的行动力能否产生，也许就是由平常的口头禅决定的。只要稍微改变一下心态，敢于冒险的力量就会涌现出来。

35. 旅行由"自身轴"和"时间轴"决定

至此介绍了较为简便的冒险方法与其效果。也许大家会产生想追求更多刺激与冒险的想法，渐渐就开始想"我该在什么时候去什么地方"。

牛津大学的学生在休假期间经常去旅行。仅仅在英国国内就存在很多富有魅力的景点。伦敦的大本钟、大英博物馆、耸立的坎特伯雷大教堂、莎士比亚的出生地斯特拉福德、拥有爱丁堡的苏格兰、以彼得兔而出名的湖区，数不胜数。

英国虽位于欧洲大陆之外，但伦敦和巴黎之间有欧洲之星高速列车连接，短时间内就可以来去。另外还有从英国起飞的飞机，以及电视上也经常看到的扩展到整个欧洲境内的火车路线，因此前往欧洲大陆各国是很方便的。

我曾乘坐电力机车在欧洲旅行。从车窗可以看到变换着的各个国家的魅力景色，被其深深吸引。与许多不同的人相会，可以给因繁重学业而变得守旧的日常生活带来新鲜的刺激。

依托"自身轴"和"时间轴"

我在计划旅行活动时，会使用"自身轴"和"时间轴"做决定。

"自身轴"是去除自身多余的事务之后剩下的核心部分。换句话说，不依靠太多信息，也不勉强自己征求他人的意见，就是自然涌现出的愿望。比如说，在公园里散步时被风吹拂，突然产生的"想去荷兰看风车"的心情。

"时间轴"即自己拥有的时间充足度。以这两条轴为基础，让我们来看一下冒险的类别。

以纵轴为"自身轴"（中心以上代表愿望强烈、以下代表低下），以横轴为"时间轴"（中心往右代表时间有余裕、往左代表没有），这样就可划分出 4 种类型的冒险。区域 I 代表自己的欲望虽然很强，但时间不充裕的情况；区域 II 代表两边都充裕的情况；区域 III 代表虽然有时间但欲望不强的情况；区域 IV 代表两边都不足的情况。

分开使用 4 种冒险

无论是学生还是职员，即使有冒险心，不可否认的是还要受到时间和经济的制约。这并不是说因此干脆放弃冒险，而是要在允许的时间内，以平和的心态把握时常出现的冒险机会。

在我任职的东京外国语大学，很多学生会休学 1 年左右，前往自己所读语言专业的国家留学。学生们会前往各种各样的国家，以英、美、法、德、俄等发达国家为首，也有老挝、缅甸、印度尼西亚等亚洲各国，非洲与中东各国等。学生们出于自己的想法去留学，充分利用 1 年左右的时间，学习语言并积累钻研课题。这就是刚才所说的区域Ⅱ中理想的冒险类型。

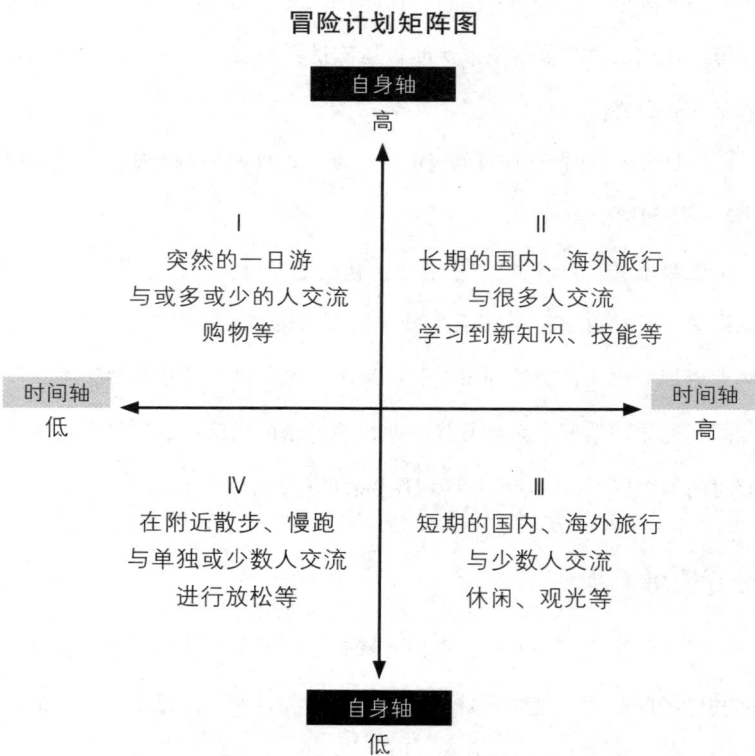

冒险计划矩阵图

自身轴
高

Ⅰ
突然的一日游
与或多或少的人交流
购物等

Ⅱ
长期的国内、海外旅行
与很多人交流
学习到新知识、技能等

时间轴
低

时间轴
高

Ⅳ
在附近散步、慢跑
与单独或少数人交流
进行放松等

Ⅲ
短期的国内、海外旅行
与少数人交流
休闲、观光等

自身轴
低

将"自身轴"完全固定下来

前文虽然对"自身轴"进行了简单的说明，但可能会有人想"我可没有什么自身轴"，或者"究竟怎么做才能拥有自身轴"。

在牛津大学中，很多人都持有"自身轴"。换为"树立起自己"的说法可能比较容易理解。持有"自身轴"的人具有以下鲜明的共同特征：

◎ 认识到"自身轴"是人生中不可或缺的东西

◎ 不过分依赖别人，成为自立的人

◎ 在做出重要决定的时候存在明确的标准，绝不会动摇

◎ 不害怕失败，即使遭遇失败，也有退路可寻

◎ 在树立起自己的同时，具有体谅他人心情的气量

孩子、学生、部下没有自身轴，很多情况下是因为他们没有注意到持有自身轴的重要性，或是不知道如何找到自身轴。也可能他们有"我不擅长面对自己""持有自己的个性很害羞"的想法。这样的倾向经常出现在以集体主义为特征的日本社会中。

我所说的"明确自身轴"，反过来就意味着，需要通过与他人进行交流才能使自己的"轮廓"清晰浮现出来。

牛津大学是人种、语言、文化各异的人们互相交流的场所。即使最初不能明确"自身轴"，它也会渐渐呈现出来。

拥有理解不同文化的态度，可重新审视自我文化和价值观，然后以语言沟通互相的意思，这就是在"异次元"中进行冒险的条件。

并且，不是一开始就需要非常稳固的"自身轴"。在与他人交流时"自身轴"会不断受到影响，需要根据状况灵活变化。

总　结

◎ 进入"野心家"的群体，感受积极向上的"空气"。

◎ 以"自身效力感"驱除担心的事。

◎ 不要忘记"说、开始、坚持"的游戏心理。

◎ 每天进行小的冒险，使五感变得灵敏。

◎ 描绘未来的"人生大事"。

第七章

给对方最好印象的 "表现力"

36. 表达自己、了解对方的"表现力"

大家都知道"憨豆先生"吧？几乎所有人都曾在电视中看到过这个英国高人气喜剧。前文已讲过，扮演憨豆先生的罗温·艾金森也是牛津大学的毕业生。他在有名的皇后学院学习理科的时候，便开始在喜剧表演方面崭露头角，出入街上的剧场，赢得观众的欢笑。

憨豆先生的喜剧中几乎没有对话。他用丰富的表情和独特的动作吸引观众注意，引人发笑。本章后面将讲述，这种不依靠语言的交流，即非语言交流，就可被称为"表现力"。

提升表现力的要点

以牛津大学为首，世界上的精英们不只富有知识和才能，还擅长展示自我、引人注目。融合生长环境、所受教育以及与平常交流的人们之间的关系，再加上礼节礼仪、时尚感等，"表现力"就发挥出来了。

◎ 不要忽略自己的意见的本质

在谈话中，经常会因为当时的气氛而停了话头，突然转到其他话题上。牛津人为了不被当时的气氛所左右，倾向于首先在自己脑海里明确将要传递给对方的意见，对其时刻注意并推进谈话。

◎ 体谅对方的心理

国家观、价值观、宗教观、男女观、语言观、与职场中的人的交往方法等，在不同国家和文化圈中具有各自的特点。往来于国际社会的人，需要具备至少不令对方感到不快的礼节与知识。

◎ 为了让气氛热烈而具备一种才艺或谈话术

我在牛津大学与同学们接触时注意到，他们拥有可以在别人面前展现的才艺或者兴趣爱好、专业知识，我想这是让对方不对话题感到无聊的谈话术。牛津大学汇聚了从世界各国前来的学生，经常有学生穿着民族服装展现本国传统的歌谣与舞蹈。

与我同班的一位英国同学虽然是数学老师，但他的另一面却是歌剧院歌手。有一天他跟我谈起与歌剧相关的事情，有趣地讲述了歌剧的历史与歌唱方法，他自身所受的教育和在演唱会上的失败经历等。我对歌剧谈不上有什么认识，却对他说的话听入了迷，回过神来的时候已经过了很长时间。像这样的事情我还经历过多次。

衣、食、住以简单为基本

对于衣、食、住的品位也是需要"表现力"的。

大家公认牛津人对衣、食、住有一种共通的感觉，就是以简单、朴素平实、实用长久为基本。

以"国富论""看不见的手"等论述享誉世界、被尊为经济学之父的亚当·斯密曾说过下面这段话。

"我为了实现国民的幸福写了《国富论》。但是对于人类来说，在最低限度以上的财富是没有意义的，不能够增加幸福感。另外，过分追求幸福反而会导致不幸，认为追求更高的地位、更有钱才能变得幸福，这只是永远不能满足的欲望而已。"

亚当·斯密如此断言，人类追求超过所需最低限度的豪华享受会"产生不幸"。

以我有限的观察来判断，牛津大学的学生无论男女，说他们对服装、发型、所持物品不讲究也不为过。实际上，也有一年中冬夏各穿一套服装的人。牛津的街道上有很多被称为 OXFAM 的二手服装店，我和同学也经常去那里买衣服。

我想，这样度过学生生活的牛津人，即使以后踏上社会，对时尚的基本态度也是"简单生活"。

当然，在英国也存在许多像博柏利这样有名的商店，在相应的社交场合与情境下也会穿戴高级奢侈品，让客人使用韦奇伍德（Wedgwood）高级陶瓷餐具。

时尚品位首先是"好的姿态"

无论穿着多么高级的服装，没有获得周围良好评价的话就没意义。牛津人拥有即使穿着廉价的衣服也能显得容光焕发的"技能"。用一个词形容这个技能就是"好的姿态"。

我经常注意的一件事就是"保持好的姿态"。站在讲坛上面对许多学生的时候会倍感压力，因此我时常注意自己的姿态。

一般来说，好的姿态就是以下几点（站姿或坐姿是共通的）：

◎　全身不要无谓地发力

◎　将头和脊椎保持在一条直线上

◎　胸部不要过分往外挺，也不要驼背

◎　双脚张开和肩膀保持一样宽度

◎　双手抱在胸前，让人感受到自信的态度

但是，从事了长时间电脑前的工作、慌忙紧张的工作之后，无论如何姿态都会变差。穿着的服装上产生褶皱，衬衫的下摆露在裤子或裙子外面，衣领松垮，靴子的后跟不断磨损，这些都可能令姿态变差，所以需要注意。

我在感觉到姿态变差的时候，会左右手持均等的重物，将重心放到脚的大拇指上，使姿态得到改善。另外也会定期前往正骨疗养院对身体进行矫正。

用强力道具增加时尚感

缅甸独立运动的指导者、诺贝尔和平奖得主昂山素季是牛津大学的名誉博士。她经常在头发上插着花形发饰，据说是与已经去世的英国丈夫生前所赠生日礼物相同品种的花。对她来说，这个花形发饰是对军政当局进行无言抗议的证明吧。

我所钟情的时尚物品只有一个，那就是被称为"牛津鞋"（Oxford shoes）、鞋面用鞋带紧系的鞋子。据说是因 17 世纪左右，牛津学生开始穿着此鞋而得名的。

我在牛津大学攻读完博士课程，参加毕业典礼的那一天，穿的是由父母作为贺礼寄给我的饱含回忆的鞋子。在我的学生时代，曾经望着鞋店橱窗里漂亮的鞋子，因无法得到而发出叹息。

从那时至今，我参加学会或是有重要工作的时候，都会穿着这双"战靴"，对我来说，这是可以带来自信和勇气的强力道具。

每天从事繁忙的工作，很难有多余精力去注意时尚。即使如此，希望各位读者绝不要忘记以下几条：

◎ 服装与头发以清洁为基本

尽管许多人喜欢在服装店和理发店中说出自己希望的款式，但交给专业的店主选择，由其推荐最适合自己的服装与发型也不错。

◎ 把身体气味转化为"华丽气味"

在西方有很多种类的香水。即使不是那么高价的香水，养成外出的时候轻轻喷洒一些的习惯也是很好的。另外，根据时间与场合的不同使用不同的香水，也会为心情带来改变。

◎　进行适度的形象转变

　　每天都穿同样的西服，给周围人的印象会变得淡薄。有时候突然改变一下形象也是很重要的。

37. 确切传达自我想法的说话术

你有没有看过电影《国王的演讲》？因为讲话口吃而烦恼的英国国王乔治六世，在妻子和周围人的鼓励下克服了口吃，成为受人民爱戴的国王，这个真实的故事被搬上了银幕。在第二次世界大战的困难岁月中，国王发表的精彩演说成为振奋国民的力量源泉。

①要明确表明"想要传达什么"

所谓"擅长讲话"，需要运用表情、手势以及语调起伏。

但最为重要的是，与对方说话的时候，要明确自己想要传达的是什么。

向喜欢的异性告白的时候，无论列举对方多少优点进行赞美，如果不说出"我喜欢你，请和我交往！"这句话，那无论如何也不会有进展。

在发表演说与发言时，明确想传达的事是比较容易的。学校中的讲课也是如此，作为教师把想传达给学生的内容明确化，学生就容易明白了。

②决定讲话的"着陆点"

从我的研讨会毕业的学生当中，有人后来成了主持人，也就是讲话的"专业人员"，从他那里我知道了任何谈话都需要"着陆点"。

客机起飞后开始飞往目的地。如果没有决定目的地，那只能在空中打转。会议与商谈等可以说是同样的。如果没有决定谈话的"着陆点"，会议与商谈就会不断拖延，让大家感到疲劳。因此，在会议开始后，需要针对多个话题决定对什么进行思考、判断时，"决定谈话的着陆点"就很重要。

如果不决定着陆点，在3分钟内必须讲完的演说就没法终结，不断延长，最后连想要讲什么都不知道了。与此同时，听的人也会感到痛苦。

③"明确想要传达什么""决定着陆点"相关的训练

（1）1分钟训练

首先，在准备阶段召集2~5个人。为了计算时间，准备好计时秒表，决定发言顺序（分搭档进行也没问题）。

决定顺序之后，先由A对B提出一个话题（单词也可以）。题目无论是什么都可以。B对提出的题目进行30秒钟的思考。30秒钟以后，由B对该题目进行1分钟的自由发言（不能超过1分钟，也不能缩短到50秒之类的短时间）。

总之请B针对题目发言。即使不知道题目涉及的知识也无所谓，注意需要控制在时间范围内。

1 分钟结束后，同样由 B 向 A 提出某个题目。

A →题目（飞机）→ 30 秒思考时间→ B 1 分钟发言（飞机）

→ B →题目（螳螂）→ 30 秒思考时间→ A 1 分钟发言（螳螂）

定期反复进行这样的练习，讲话能力就能慢慢提升。请与伙伴们愉快地进行练习吧。

（2）"为什么"的问答

由两个人进行。选择关系良好的朋友练习吧。

首先自由决定话题，对话时间在 2~3 分钟内。结束之后由一方针对对方的内容提问"为什么"。细致区分对方所说的内容，每一句话都要听清楚。

我想这个任务对于日本人来说会感到有些困惑。因为显然讲话者平常是无意识地进行思考的，不会深入。但是当熟悉了这个任务之后，就可以发现讲话者真实想传达的是什么、讲话时无意识地避开了什么重点。

我会不经意地用这个任务测试正在进行求职活动的学生，以完善学生在对话中的不足。

38. 比口头表达更有效的是"肢体与空间"

在西方文化圈中生活一段时间，就会注意到对方的谈话中有很多不同的习惯。比如说，对话者的表情很丰富、做出没见过的手势、轻拍对方肩膀，这些都是日本人不习惯的。这些在语言之外表达想法的手段叫作"**非语言交流**"。

一般"非语言交流"指的是表情、声音的特质、服装、身体动作等，利用这些来达到有效的交流。美国心理学家梅拉宾与此相关的研究很有名。

我在牛津大学攻读博士课程的最后关键阶段，是与我的导师菲利普斯教授讨论最后的口头测验（通称为口试）的对策。口头测验通不过的话就无法取得博士学位，因此我感到了相当大的压力。

在讨论结束之后，我正要走出教授的房间。"昭人！"听到教授突然叫我的名字，我向后一看，教授把食指和中指交叉在一起做了个手势，同时向我温和地微笑。这就是所谓的"Cross finger"，意味着"Good luck"（祈祷好运）。

教授为了祝福我的口头测验获得成功，给我送上了这个加油的手势。平常认真而沉稳的教授所做的手势，使我的紧张心理得到缓解，获得了勇气。

使对话顺利进行的非言语交流

我们在对话的时候，不是只靠语言来表达意思的。实际在无意识间，会通过非语言交流来推测对方的意思，努力使会话顺利进行下去。下面我想介绍一些进行非语言交流的有效方法。

◎ 表情

有人说以外国人的视角来看，日本人很多时候都是"无表情"的。日本人从小就被教导不要将感情强烈地表现出来，然而这样的习惯会招致对方的误解和困惑。

比如说，在庆祝的宴席上主角始终保持着严肃的表情。

还有年轻女孩会遇到的事——在国外被并不关心的男性搭讪了，虽然嘴上说了"No"，但脸上微笑着，被对方误会是"Yes"的意思。

有一种看法认为，面孔是自己创造出来的。"从 10 多岁到 20 多岁的面孔是从父母那里得来的"，也就是与生俱来的面孔，而"30 岁以后的面孔是自己创造的"。伴随着年岁的增加，生活和工作的环境就会表现在面孔上。美国总统林肯曾经说，"到了 40 岁以后就要对自己的脸负责"，确实是如此。

◎ 手势

上文我说起过"Cross finger"，实际上在外国还有很多类似的手势。

当然在此不能全部进行介绍，读者可以找专门的书籍阅读。

还有一些日本人平常使用的手势，需要注意的是，文化环境不同，传达的意思也会完全不同。比如说，在拍照等场合经常有人竖起两根手指做出"胜利"的手势，但不能将手掌面向自己，因为在英国这是对对方的侮辱。另外，"OK"的手势在土耳其、巴西等许多国家表示"侮辱"，对此要慎重。

◎ 视线（视线接触）

曾出演莎士比亚戏剧的英国著名演员劳伦斯·奥利弗曾经一度介意自己在演出中的视线、视线的接触方法是否合适，变得非常神经质。原来，就连世界上知名的演员都对视线接触感到不安，为此而苦恼。

日本人被认为最不擅长的非言语交流就是视线接触。实际对话中，日本人有多长时间是看着对方眼睛的呢？虽然因人而异，但某项调查结果显示，在3分钟的对话中大约有1分30秒是看向对方的，每隔5~10秒钟就会把视线移开。

而有些国家的习惯，是在对话中一直看着对方的眼睛。从这些国家来的人与日本人接触后，就会有下面这样的感觉：

日本人将视线移开的瞬间，对方可能会想，"他对我现在说的内容没有兴趣""他的心里在想别的事情""有什么亏心事吗"。

因此，在与对方谈话的时候，如果这个人是从善于视线接触的文化圈中来的，那么即使是忍耐也要注意持续看着对方的眼睛。

要想有效运用视线接触，方法是以自己喜欢的演员的表情和视线接触方法为参考，面对镜子自己练习。然后，在与对方谈话的时候想着"现在是在演戏"，这样就会养成看着对方眼睛说话的习惯。

◎ 接触与触摸

这是指在谈话中轻轻接触对方身体的行为。另外，在谈话的最初和结束时也有用力拥抱一下的行为。

一般认为，这是拉丁文化圈中的人们的行为特征。无论男女，在初次见面就毫不在乎地接触对方身体，互相拥抱。这种强烈的刺激能把对方很快变成亲密的同伴。

日本人说话的时候是不太接触对方身体的。尤其是对异性的身体接触有时候会被误认为性骚扰，需要特别注意。

◎ 时间感觉

如果将会议或会面时间约定在下午 2 点，大家会在什么时候赶去？日本人或者其他亚洲国家，倾向于早于约定时间抵达会场或见面场所。这种时间观念强的态度被称为"单一时间模式"（Monochronic Time）。我读大学时经常有留学生聚会，聚会之前就到场的都是来自亚洲各国的学生。

与之相对，时间观念比较弱的态度被称为"多元时间模式"（Polychronic Time）。意大利、西班牙以及南美各国的人经常给人这样的感觉，倾向于"相比时间应以人的状况为先"。

比如说，对方比约定时间来晚了。对日本人来说，只要是对方晚了 5 分钟，就开始感觉不安、心情烦躁起来。而意大利人在等待时，即使对方迟到一会儿也不会生气。问其原因，他会说"对方大概有什么重要的事所以才会迟到"，就原谅了对方。而且在他们自己迟到的情况下，也同样希望得到原谅。

如果不知道存在这种时间观念上的差异，与对方的关系就有崩溃的危险。另外，在西方文化圈中的国家，当被邀请参加家庭聚会的时候，稍微迟到一会儿才是礼节。还有其他例子，如谈话时的"沉默"，在日本和外国的含义可能是完全相反的。

最后，"空间感"也是重要的因素。日本人在会场或者乘车时，是按照地位高低决定座位的。如果弄错坐了上司的座位，那就是自讨苦吃了。

日本人的交流模式是依赖于语言的，但通过有效运用非语言交流，创造出与对方轻松对话的氛围，表现出认真听到最后的沉稳态度等努力也很重要。

39. 即便面对专业人士，也不要显得能力匮乏

"英格兰国王亨利八世，将英格兰教会从罗马教廷剥离了出去。而且他一生结过 6 次婚……"

"英国企业对个别财务表格的税额计算，参照的是据公司法制定的英国基准……"

牛津大学有很多在历史、文学、管理等专业领域拥有丰富知识的人，也有自豪于"关于某某事情一连说上几个小时也可以"的人。而且倾听的一方，也会耐着性子仔细倾听对方的讲话，即使与自己的专业领域不同也是如此。

实际上不论是学问还是职业、兴趣等，在一件事情上有深刻的认识，或者习得某种特别技能的人，其讲话就显得很长，并善于让气氛热络起来，从而获得他人尊敬。

我经常被人说是多才多艺、兴趣广泛的人。虽然说不上有多厉害，在大学举办的活动中，我也曾在学生面前弹唱钢琴和吉他。另外，在国外召开的学会招待会上，我也曾稍微表演过传统能剧。

但是我都只学了些皮毛，没有达到熟练的程度，与在某项技能、

兴趣上面做到"极致"的人进行谈话时，还是会感到自卑。这也可以说是一种"能力匮乏"吧。

"技艺以道为贤"：成为此道中的"评论家"

在自己的兴趣与擅长领域之内，我想任何人都是这条道路上的"评论家"。想在同伴们和组织中表现出自己的风度，成为"评论家"是很好的方法。成为"评论家"有以下几点体现：

◎ 持有一定水准以上的兴趣和知识

◎ 善于将自己的兴趣和擅长领域传达出去

◎ 得到别人"这个事情就得问某某"的评价

高尔夫球或棒球等体育运动、钓鱼或登山等休闲活动、文学或绘画等艺术活动，请在你擅长的领域成为某种程度的"评论家"。

最近我听说被称为"历女"，即对历史或者武将的知识有很深造诣的女性正在增加。我曾感叹和这样的人谈话真的能学到很多，谈话持续很长时间也不感到无聊。

在漫长人生中"技能助身"

要想将孩子、学生、部下的特性引导出来，使其拥有令他人眼前一亮的技能和知识，该怎样做？

◎ 无论是什么都可以，让他们投入到自己热衷的事情中

◎ 在把一件事做到极致之前，不让他们将注意力转向下一件事

◎ 定期让他们将习得的知识和技能展现出来

◎ 根据学习的程度给予相应的奖赏和报酬

教一个人确立专业性和技能并非一朝一夕便可做到，不过首先需要找到本人喜欢、擅长的事情。"技能助身"这句话就是说，在面对紧要时刻和困境时，牢固掌握的知识和技能可以帮我们找到解决问题的线索。而且，在一项能力上优秀，可以激发出创造力，我想也会在其他事情上产生良好效果。

即使学到的技能不能产生直接效用，在将之"穷极"的过程中也能发挥无穷能量。

40. 幽默具有强大的表现力

在西方各国，正式场合中互相开幽默的玩笑、进行对话是常有的事。即使是初次见面的人或者社会地位不同的人，在对话中加入适度的玩笑，也可以成为交流沟通的润滑剂。

日本人习惯在对话时真诚聆听对方讲话，将幽默玩笑加入交流中的情况是少有的。

从另一种视点来看，正是因为客观、正确聆听了对方讲话，才能将"幽默"和"玩笑"这样需要高度技巧的交流手段穿插进来。最近的研究证明，将玩笑等技巧进行战略性运用，能够抓住听众的心或者有利于商业谈判。

一般认为"幽默"和"玩笑"具有以下的作用：

◎ 使现场的气氛缓和

◎ 使对话向着积极的方向推进

◎ 是客观听取谈话内容的证据

◎ 通过笑容形成团队合作

通过加入"玩笑"，对话变得有趣，日常生活也变得活泼，甚至说人生变得丰富多彩也不过分。

讲笑话的诀窍是像"背诵短文"那样进行练习，而且要重复许多遍、大声进行练习，如此一来就能流畅地讲笑话了。

将"笑话"放在谈话的开始或结束

我曾去国外参加国际学术会议并进行发言。在这样的学术会议上，英国人和美国人尤其经常在自己的发言中插入笑话。基本来说，在发言开始的地方最多，其次就是在结束的地方。

比如说，在英国召开的学术会议上，一个当地的研究者在发言一开始就向听众露出笑容说："今天我带来的 USB 状态不好，所以 PPT 的图像可能有些乱。它（指 USB）昨晚吃的是英国菜……所以请见谅！"

不知道他是不是在掩饰自己的准备不足，但这个笑话利用了"英国菜不好吃"的噱头，使听众们发笑，会场气氛也变得轻松了。

此外，在谈话最后加入笑话，可以让对方加深对自己的印象。

在研讨会的最后，发言者这样说："大家感觉今天的发言如何？我觉得听到今天的发言，可以将研究的一半问题解决了！"

听众中一个人应声回答："真是太好了！那么请再发言一次吧！（那样就把整个研究搞定了）"

像这样的对话能够成立，是因为讲笑话的人以及听者同属于某种成熟的文化，熟悉共通的交流方式。而持续进行艰涩的谈话，反而不利于产生好想法、维持好的关系，如果日本人也能够营造出可轻松谈话的氛围就好了。

但是在笑话和幽默当中，也存在很多如刺伤对方立场、蔑视外国文化的"黑色笑话"，需要加以注意。

"自嘲式幽默"

根据最近发表的调查结果，将幽默和笑容融入企业文化之中，有可能使公司中紧张的上下级关系得到缓和。

在谈话中融入笑容和笑话的手段之一是"**自嘲式幽默**"（以下简称为 SDH）。SDH 就是"以自己为笑料引人发笑（自虐式笑话）"的方法。和电视上经常有搞笑艺人以自虐式笑话引观众发笑的手段类似。

有"铁娘子"之称的前英国首相撒切尔夫人在牛津大学学习化学和经济学之后成了政治家。她是首位在世时由英国国会为其树立铜像的英国首相。当时撒切尔夫人说："我原以为要建立铁制雕像，听说是铜像松了一口气……铜像很好，不会生锈。"引得人们大笑起来。

我在参加研讨会时也经常使用 SDH 的手段。

"昨天聚餐喝酒后回家晚了，洗澡时把澡盆清洁剂错当成洗发水用了。""慌慌张张地出门，把皮鞋的左右脚穿反了，怪不得走路觉得很困难。"……就像这样，我会将实际发生的事作为笑料引众人发笑。

在我写这本书时，旁边的电视上播出了这么一条新闻，说西班牙足球联赛中，有人从观众席向球员投掷了含有歧视意义的香蕉[1]。

对于这种行为，足球选手本人并没有当场发怒，而是剥开香蕉皮把它吃了，以"将歧视吃掉"的幽默将此事应对了过去。他的行为打动了全世界人的心，为反对歧视的人们增添了勇气。因此，我们需要重新认识到，从幽默和笑话中可以产生改变世界动向的契机。

---

[1]　被投掷香蕉的一般是黑人球员，其含义是讽刺黑人类似猴子或猩猩。这种歧视行为在欧洲许多国家的足球联赛中都发生过，会导致事发俱乐部遭受欧洲足联的严厉惩处。——译者注

41. 能够留下"超一流"印象的写信方法

伦敦有许多在世界上享有盛名、地价很高的一流商店和饭店。有大家熟悉的博柏利、登喜路、韦奇伍德、福特纳姆＆梅森等品牌店，还有十分高级的哈罗德百货店。

我在英国留学时，曾前往伦敦"游览参观"这些商店。虽然我看起来明显是经济上不宽裕、穿着寒酸的样子，但各位店员仍然笑脸欢迎我进入，并友好地对我说："有任何需要请招呼我。"我还记得自己被他们的态度所感动。

在有传统和规矩的店铺、饭店中，不只是出售各种商品，工作在其中的人们的待客态度也是超一流且温和的，可以说是"发自内心地进行服务"。

包含心意的信件

现今互联网和电子邮件已成为传递信息的主要途径，用手写信的机会迅速减少。依靠便利的电子邮件就把需要联络的事项处理完了，而且最近在年轻人当中，不依靠文字，而是用图案、表情符号等进行沟通的人也在增加。

我曾建议远离家乡的学生和留学生试着给自己的父母和朋友手写一封信，即使是一次也好。

我自己在离开日本去留学之前一直待在家乡，不曾给熟悉的人写过信（当然贺年卡和情书等情况除外……）。在纽约留学的时候，我第一次给父母写信，只不过是简单描述了并不要紧的日常生活。

当我暂时回到日本的时候，在家里突然看到起居室中我寄回来的明信片和信被非常细心地贴在墙壁和橱柜上面。后来我才听说，母亲看到我在留学时写的信，高兴地哭了起来。从那以后，我开始注意每隔一段时间就给家里写信。

不只在西方各国，在日本也有专门售卖漂亮信封、便笺、明信片的店铺。对于特别的人，在纪念日或有重要事情传达的时候，尽量自己写信或用明信片寄送，这能够给对方留下很好的印象。我曾经在牛津大学的礼品店给日本的朋友寄过信和明信片，对方很高兴。

殷勤的社交辞令、打印出来的寄给多人的信件、字很小且字数很多的信件、市面上售卖的事先就印好内容的明信片等并不能让收件人欢喜。另外，在喝醉时以及夜深时写的信件，在寄出前一定要阅读检查一遍。

表情符号和图形符号等也要注意。比如说，大部分日本人都将"(^O^)"的表情解释为"笑容、喜悦"等，但是有的国家却将之理解为"大吃一惊""干了傻事"（嘴巴张开）的表情。包含心意的信件应具有以下特征：

◎ 使用市面上售卖的已印刷好内容的信纸时，必须加一句想说的话

◎ 内容要像小说一样有故事性、能够吸引读者

◎ 加入自己独创的图案

◎ 在对方想进行商量的时候，要给予真挚的建议（不要用命令语气）

◎ 使用容易理解的、直率的礼貌用语、称赞之词

另外，还可以像英国人一样，在信的最后添加富有魅力的结语（如 Very truly yours、Sincerely yours、All the best 等），这样读过之后可有淡淡的余韵。

即使字迹不清、表达得不熟练，包含心意的信件也可以打动对方的心。如今存在 Skype 软件和手机免费通话等便利手段，正是在这样的时代，反而更希望大家养成寄送手写书信的习惯。

至今仍有牛津大学以及世界各地的朋友和毕业生，将其家乡的美景用明信片的形式寄到我这里。对方书写的笔迹、问候、图案，等等，我必定会看到最后并郑重地收藏起来。

重视"欢宴"

在英语中，通过共同进餐增进关系的活动被称为 conviviality（欢宴）。与日语中"同じ釜の飯を食う"（吃一个锅里的饭）差不多是同样意思。

我在牛津大学留学时，经常被邀请参加家庭聚会。在西方各国，人们经常互相招待他人参加家庭聚会，展现自己国家的饮食，观看家

庭成员照片或者玩游戏，一起度过欢乐时光。

在日本，即使是关系亲密的人之间，也不太招呼他们到自己家来。上司和部下的关系是"下班后喝一杯"，无论如何都是在外面会面。

我的导师经常邀请我和我妻子去他家。吃着老师的夫人亲自做的料理聊天，超越教师与学生的立场，反而能够打开心扉说话。

如今，我也会将留学生邀请到自己家里。大家也试着举办家庭聚会吧，能够看到平常看不到的彼此的一面，使关系变得更好。

在日本的街道上对外国人说日语

在东京外国语大学中，以欧美各国为首，有各个国家的留学生。经常有英语为非母语的留学生说，"日本人在街道上和外国人搭话时，为什么一定要用英语呢？其实我是意大利人"，等等。

日本人在街上被外国人问路时，大都认为说"英语"是向对方表示亲切。但是，有很多来到日本的外国人觉得"难得来到日本，想用日语对话"。

东京将在 2020 年举办奥林匹克运动会。首先我想应该从基本的打招呼开始，请大家在与来到日本的外国人打招呼时尽量用日语。

在全球化不断推进的今天，在日本国内与外国人接触的机会也在增多。考虑对方的立场进行温和的应对，这是全世界共通的"待客之道"。

另外，让客人得到满足后，招待方也会感到喜悦。不仅仅是在接待和观光的时候，在社会生活的各个方面，拥有这样的相互关系都是基本的。

42. 精英人士必须怀抱不安与苦恼坚持向前迈进

阅读本书至此，可能不少读者已感到身上具备了（或者说可能具备）"牛津大学精英的素质"和"6种能力"。

不仅限于牛津大学，从世界顶尖大学毕业、活跃在现实社会的人们身上，可以看到某种特别明确的特征，并且这样的能力是任何人在日常生活中，通过努力培养习惯就能够获得的。

滴水嘴兽（gargoyle）的 3 张面孔

无论是从事研究还是商务，活跃在世界第一线的人物给人的印象大多是无所畏惧、无论什么事情都果断向前迈进的豪杰。特别是牛津大学的学生，不仅在学业方面，在橄榄球等体育运动方面也是超一流的，自然容易让人产生这样的印象。

但实际上不是所有人都是这样的，不如说素养和心态与此相反的人才是多数。

比如本书多次提到的小课堂和严格的考试、论文的提交等，牛津大学的学生无论是谁都曾在学习中感到压力巨大、心中烦恼，经常产生害怕、不安、烦恼等心情。

牛津大学的建筑外壁上装饰着被称为"滴水嘴兽"、模仿人脸的石像。据说，滴水嘴兽具有"除魔"的作用，其代表性表情有"笑容""深思""苦恼"3 种类型。

牛津大学在英国这个联合王国建立之前就存在很久了，到今日从牛津毕业的学生已数不胜数。

在漫长的历史之中，"思考后喜悦"与"思考后苦恼"反复进行至今，这从滴水嘴兽的表情就可看出。正因为如此，即使是牛津大学的精英们，也要抱着对生活和人生的不安与辛苦生活下去。

"害怕不安"与"释然安心"是表里一体的

那么牛津人是如何克服害怕与不安的呢？或者说，要怀抱这些心情积极向前继续生活，需要养成怎样的习惯，又需要注意哪些事呢？

本书所言的"6 种能力"都是互相关联的，在这里简单再整理一下。

◎ 不要忘记对他人尽力表达感谢（不说不满的话或者抱怨，赢得周围人的好感）

◎ 保持个人卫生（预防因不讲卫生导致身心患病）

◎ 养成有规律的饮食、运动、睡眠习惯（生活有节奏会带来健康）

◎ 离开物质世界，接触自然（通过散步等活动培养积极的思考能力与创造力）

◎ 不要焦虑，以长远眼光制定计划（不要被周围人左右，要以
自己的方式战斗）

◎ 不只是工作，还要有表现自我的技能（"技多不压身"在全世
界通行）

各位感觉如何？以上心得是任何人在任何地方都可以实践的吧？

我们身处繁忙的现实社会，这些基本习惯只是被我们忽略了。记
住这 6 项基本心得，自己通过思考得到喜悦，又或者思考不通继续苦
恼，都可以为今后打破常识、改变世界的历史奠定基础。

总　结

◎ 以长期坚持具有实用性的"简单生活"为根本。

◎ 强力道具可以赋予你自信和勇气。

◎ 决定谈话的着陆点，明确要传达的事情。

◎ 认真看着对方的眼睛，不要移开视线。

◎ 用幽默与笑话提升沟通技能。

◎ 即使是牛津大学的精英，也抱有不安与苦恼。

后　记　漫长曲折的道路

The Long and Winding Road（漫长曲折的道路）出自享誉全世界的英国音乐组合披头士，在其数不胜数的名曲之中，我特别喜欢这一首。在牛津大学留学时，当我感觉学习辛苦，为了安慰自己，或为了振奋精神，就会一直听或吟唱此曲。虽然距今已经有 20 年，但只要有机会我还是会边弹钢琴边唱这首歌。

这首歌名为 *The Long and Winding Road*，我想这与学习中的教育者和学习者两方的心境是很吻合的。进行教学或学习，确实类似于在"漫长而曲折、没有尽头的道路上"一边烦恼，一边继续向前走。

对于只写过专业书籍的我来说，本书的付梓也是一种挑战。

随着年岁的增长，我一直在想牛津大学时代的经历是不是已经成为遥远的回忆，所以很久以前就希望将当时的经历书写整理出来，而这个梦想终于通过本书的出版成真了。

虽说我是以写作谋生的，但一提起笔来还是觉得分外困难。与学术论文不同，对我来说，写作本书完全是未知的体验。"怎样才能写好？"中途我多次苦恼，甚至想要放弃。

负责本书的编辑给予了我切实的"教诲"，终于促使我写完此书。有关本书中涉及的"教育方法"的意义，就是我在针对稿件进行交流时切实感受到的。

以牛津大学为首，世界上的顶尖大学都有明显共通的"教育方法"。回想过往的事例，我的眼前浮现出受其照顾的教授和共同学习的校友们的样子，好似就是昨天之事。

本书中反复讲述，"教育"这件事实在困难，必须有忍耐力。但是，从其他角度来看，如此困难与辛苦都不能击败的"教育者"，不正可以让进行学习的人们感到安心，激发起他们的干劲吗？

身处教育者立场的人，心中必须留意以下两件事：

不能要求回报

教育者面对被教育者，有时候也会想，"我教了他这么多知识，他会给我一些报答吧？"教育者心中产生了这样的心情，被教育者立刻就会将其看透。所以从一开始就不要期待回报，要贯彻"倾尽所有教人成才"的想法。

教育者应永远面对被教育者

孩子、学生、部下，时机到来时必定会从我们身边离去。教育者必须有所觉悟，被教育者总有一天会独立。

但是，即使到了看着他们离去的那一天，也不要自己背过身去。

在此我想介绍一下目前我正在推进的事情。

我在大学中负责的项目旨在接收海外留学生前来日本以及推动日本学生前往国外留学。我教授的课程将留学生和日本学生集中在一个教室内学习，讲义和讨论全部使用英语。通过帮助留学生学习日语、理解文化，帮助日本学生理解不同文化，使学生们能相互理解、研究切磋。

但实际上，以日本的大学为首，培养全球化人才的力度仍然不够。理由有以下两条：

第一，日本为适应全球化社会的激烈竞争需要精英人才，目前对人才进行全面培养的教育环境尚不完善。

第二，在全球化社会中进行对等交流的能力尚显不足。

在现今的日本，急需冲破经济、政治长期低迷的状态以及年轻人内向型的志向，培养出能够活跃于国际社会的人才。为此，应改变一直以来以背诵式、填鸭式为中心的教育方式，培养出具有创造性和行动力两方面能力的人才。

本书的主题着重于牛津大学实践的"教育方法"和"6 种能力"的学习方法，我想对于在全球化方面瞠乎其后的日本学校、政府、商业机构以及所有人来说都是有用的。预测在不久的将来，有更多不同种族、文化背景的人们将越过边境线来到日本居住。从这个意义上讲，也需要在日本普及国际教育界先进的"教育方法"。

最后，我想对为本书的出版给予帮助、关照的各位表达感谢之情。

朝日新闻出版社的佐藤圣一先生给予了我这次宝贵的写作机会，

我从心底里万分感谢。如果没有佐藤先生的理解与建议，还有他的鼓励，这本书就不可能完成。

另外，我也要向以写作本书为契机相识的 WAO Corporation 株式会社的松本正行先生表达感激之情。

本书中登场的那些事例，都是从牛津大学的朋友、恩师、前辈、后辈那里听来的宝贵又有趣的经验与回忆，我得到了许多启发。

另外，我也从东京外国语大学的研究生那里得到了很多点子。在此不能一一列举，其中特别是村上昂音先生、佐佐木亮先生、松田隼先生、松本崇嗣先生、长谷川宏纪先生、久米理介先生、中村理香小姐、冈田直树先生、大见谢将伍先生、畠友里惠小姐，自本书的企划阶段起便给予了各种各样的意见。

在此向诸位致以深深的谢意。非常感谢。

我也想对允许我擅自选择前进道路的父母、兄弟姐妹表达感谢之情。对于留学牛津大学感到不安的我，如果没有父母说"想做的事就去做，你能做到"，就没有今天的我。

虽然只是偶然巧合，本书的出版正好与我们夫妻结婚 20 周年纪念日相吻合。20 年前的 7 月我们举办了婚礼，10 天之后二人便一同前往英国留学。

从那天开始至今，我的妻子奈绪美以极大的耐心与宽容对待我，给予我指引，我想对她由衷地表达感谢。还要谢谢一直以笑容鼓励我的女儿们——玛利亚和奈奈。

最后，对陪伴我进行"散步时的思考"的爱犬可可也说一句谢谢。

　　我还有一个没有实现的梦想，以本书的出版为契机，我决心为实现梦想继续迈进。

2014 年 7 月吉日

东京外国语大学综合国际学研究院教授

冈田昭人

图书在版编目（ＣＩＰ）数据

牛津的 6 堂自我精进课 / （日）冈田昭人著；
潘越译 . -- 北京 : 中国友谊出版公司 , 2019.6
　　ISBN 978-7-5057-4719-7

　　Ⅰ . ①牛⋯ Ⅱ . ①冈⋯ ②潘⋯ Ⅲ . ①成功心理－通俗读物
Ⅳ . ① B848.4-49

中国版本图书馆 CIP 数据核字 (2019) 第 090111 号

SEKAI WO KAERU SIKOURYOKU WO YASHINAU OXFORD NO OSHIE
KATA
© AKITO OKADA 2014
Originally published in Japan in 2014 by The Asahi Shimbun Publications
Inc.,TOKYO,
Chinese (Simplified Character only) translation rights arranged through
TOHAN CORPORATION,TOKYO.

本书中文简体版权归属于银杏树下（北京）图书有限责任公司。

书名	牛津的 6 堂自我精进课
作者	[日] 冈田昭人
译者	潘　越
出版	中国友谊出版公司
发行	中国友谊出版公司
经销	新华书店
印刷	北京天宇万达印刷有限公司
规格	889×1194 毫米　　32 开
	6.5 印张　　134 千字
版次	2019 年 6 月第 1 版
印次	2019 年 6 月第 1 次印刷
书号	ISBN 978-7-5057-4719-7
定价	38.00 元
地址	北京市朝阳区西坝河南里 17 号楼
邮编	100028
电话	（010）64678009